云计算安全技术及其应用策略研究

郑朝中 ◎ 著

汕頭大學出版社

图书在版编目（CIP）数据

云计算安全技术及其应用策略研究 / 郑朝中著 .

汕头 ：汕头大学出版社 ，2025. 5. -- ISBN 978-7-5658-
5591-7

Ⅰ . TP393.027

中国国家版本馆 CIP 数据核字第 2025G66H99 号

云计算安全技术及其应用策略研究

YUN JISUAN ANQUAN JISHU JI QI YINGYONG CELÜE YANJIU

著　　者：郑朝中
责任编辑：胡开祥
责任技编：黄东生
封面设计：寒　露
出版发行：汕头大学出版社
　　　　　广东省汕头市大学路 243 号汕头大学校园内　　邮政编码：515063
电　　话：0754-82904613
印　　刷：定州启航印刷有限公司
开　　本：710 mm×1000 mm　1/16
印　　张：17.25
字　　数：220 千字
版　　次：2025 年 5 月第 1 版
印　　次：2025 年 5 月第 1 次印刷
定　　价：98.00 元
ISBN 978-7-5658-5591-7

前　言

随着信息技术的迅猛发展，云计算已成为当今社会关注的热门话题之一。云计算虽然改变了传统的计算和存储模式，但也带来了全新的安全挑战。在数字经济飞速发展、信息技术不断演进的背景下，如何确保云计算环境下计算机网络的安全稳定运行，已经成为政府、企业与科研院所共同关注的核心议题，各类政策文件的发布和行业标准的逐步完善亦彰显出我国对云计算安全体系建设的高度重视。可以预见，随着云计算技术的进一步成熟，其应用将越发广泛和深入，全防护措施也将愈加复杂与多样化。

在此背景之下，笔者撰写了本书，希望能够系统且全面地呈现当前云计算安全领域的热点与难点问题，为相关行业从业者、高校师生及科研人员提供可借鉴的技术实践方案，以及帮助他们在理论与实践层面均有所收获，进而具备有效应对复杂多变的安全威胁的能力。

本书共分为9章：第1章系统介绍了云计算的服务模式、部署模式和总体架构；第2章重点讨论了云计算安全的概念和体系结构；第3章聚焦云计算服务安全，分享了各模式下常见的安全风险、检查清单及配置审计的方法；第4章介绍了数据加密与密钥管理、数据的静态与动态安全保护以及云数据安全保护技术；第5章围绕身份认证与访问控制技术，结合示例探讨了在云环境中如何有效地进行用户身份认证与权限管控；第6章专门对虚拟化安全进行研究，并提供了在不同虚拟化平台中的安全策略配置示例；第7章阐述了如何借助AI与机器学习等技术手段开展流量分析、实施异常检测、进行策略动态优化以及实现与威胁情报的有效联动，从而在云环境中构建智能化的安全防护体系；第 8 章围绕云计算安全监控与事件响应策略展开深入探讨，提出了自动化应急处理与日志审计的落地实践方案；第 9 章着眼于云计算安全技术的创新应用与未来发展，重点探讨人工智能与云安全的结合、零信任架构在云计算中的应用以及云安全技术未来的发展趋势。

本书的特点主要体现在以下几个方面：第一，本书内容紧跟云计算安全领域的最新动态，结合前沿案例与研究成果，为读者提供了完善的安全技术体系与应对思路；第二，本书结构清晰，循序渐进地从云计算基础到安全防护的各个层面进行了阐释，让读者对云计算安全从概念到实操都能有所掌握；第三，本书注重理论与实践相结合，通过展示脚本示例、配置示例以及开展实操演示等，为读者在真实环境中落实安全技术与策略提供了较为可行的指导和参考。本书内容兼具深度与广度，既适合专业人士在工作或科研中深入研读，也便于初学者系统地了解云计算安全技术与防护措施。

在撰写本书的过程中，笔者得到了多位专家学者和行业同人的大力支持，在此表示衷心的感谢。由于时间与水平有限，书中难免存在不足之处，恳请广大读者批评指正，以帮助笔者在后续研究中不断改进、完善。笔者期望，这本书能为您带来新的启示，以及能为您在云计算安全的探索与实践中提供更多思路与帮助。

最后，谨以此书献给在云计算领域辛勤耕耘、不断创新的所有人士，并希望它能够为我国云计算安全事业的发展贡献一份力量。

2025 年 1 月

目　录

第 1 章　云计算基础认知

1.1　云计算简述

随着信息技术（Information Technology, IT）的飞速发展，云计算逐渐成为推动数字化转型、提升企业竞争力的重要驱动力，它不仅改变了数据存储与处理的方式，还通过按需提供计算、存储、网络等资源，帮助各行业在灵活性、成本效益等方面取得了突破。作为一种新兴的 IT 服务模式，云计算打破了传统计算模式中软硬件资源与应用之间固定的对应关系，使资源能够弹性伸缩，为全球范围内的企业、政府及个人提供了更加高效、可靠的技术体系支持。

1.1.1　传统计算模式

在云计算出现之前，企业一般采用本地部署的计算方式使用 IT 资源，即自行采购、配置和维护所有硬件基础设施，并在自有数据中心或机房中独立完成供电、制冷、网络接入与安全措施的部署、运行和维护。

在软件部署方面，传统计算模式通常采用许可授权的方式获取操作系统、数据库、中间件和业务应用程序，系统架构多呈现为集中式或单体式，各类系统功能的升级与迭代都需围绕同一台或几台服务器展开，且依赖人工配置与维护，缺乏足够的自动化处理能力与弹性扩展能力。企业和组织成员使用这类系统时需要通过局域网或专用网络进行访问，如果想要对外提供服务，还需配合防火墙、负载均衡等网络设备进行额外搭建，这对访问速度与系统扩展性又有了一定的限制。

由于硬件和软件全都由企业自行管理，运维工作量非常大，所以必须配备专业的运维团队负责故障排查、系统巡检、数据备份与安全监控等工作。一旦发生重大故障，或者需要部署更新时，企业就会陷入业务中断、停机维护的尴尬境地。此外，容灾备份还需依赖异地机房和备份设备，这无疑在技术实现和资金支持方面构成了不小的压力。资源在这种模式下很难做到弹性扩展，流量高峰时期，企业需要临时采购硬件、部署新设备；流量下降时，大量闲置服务器又会造成浪费，难以实现精细化计量或基于使用量灵活付费。

传统计算模式所强调的是在自有硬件和自有网络上构建并管理一切IT资源，从购置到部署再到运维均由内部团队全程负责。这样的计算模式在其发展历程中也曾发挥重要作用，不管是销售大型机、个人计算机还是销售中型机的企业，都靠这种模式维持了自身的生存。[1]然而，随着数字化转型和业务弹性需求的提升，传统计算模式逐渐暴露出资源利用率低、成本灵活性不足以及上线周期冗长等诸多缺陷。

1.1.2　云计算的定义与概念演进

云计算是传统计算模式和高速发展的网络技术结合的产物，它使计算能力可以像其他商品一样通过网络进行流通。[2]云计算的概念最早可

① 张伟亮.金融科技与现代金融市场[M].西安：西安交通大学出版社，2023：142.
② 李彦廷，戴经国，潘璟琳.云端数据安全技术与架构[M].南昌：江西人民出版社，2021：3.

以追溯到大型机时代，当时的终端集中式计算模型已经展现出共享资源的雏形。进入客户端－服务器时代后，计算与存储能力逐步分散到各地，由此，资源利用效率低下、运维复杂度提升以及硬件成本增加等问题开始显现出来。虚拟化技术的兴起与互联网带宽的不断提升则推动了云计算从概念到实践的飞跃，在这一过程中，学术界和业界形成了多种对云计算的解读。

从整体上来说，云计算是一种通过网络（尤其是互联网）按需提供可弹性伸缩的计算、存储与网络等资源，并以服务形式对外统一交付的新型计算模式。从内容来看，云计算涉及的范畴涵盖了分布式计算、虚拟化技术、网络技术、存储技术以及大规模并行处理等多个学科领域，呈现出显著的交叉与融合特征。美国国家标准与技术研究院（NIST）对云计算所做的经典定义也强调了云计算所具有的"按需自助服务""广泛的网络访问""资源池化""快速弹性"和"可测量服务"等关键特征。

随着大数据在科学研究、企业业务乃至社会治理方面的加速渗透，人们逐渐认识到云计算不仅能解决资源交付和 IT 基础设施的问题，还成为支撑海量数据处理与分析的重要基石。在数据驱动决策越发受到重视的背景下，云计算与大数据形成了相辅相成的关系：一方面，云计算为大数据的采集、存储、处理和分析提供了可伸缩且经济可行的底层资源；另一方面，大数据的广泛应用又进一步推动了云计算架构、技术与服务模式的持续演进与创新。

1. 大规模分布式存储

传统的数据中心难以高效地处理数据量巨大且类型多样的数据，云计算则通过分布式存储、虚拟化集群和对象存储等技术，为大数据应用提供了近乎无限的、可按需分配的存储空间。云计算平台上常见的分布式文件系统（如 HDFS）和对象存储（如 Amazon S3）能够在保证数据冗余与高可用性的基础上，实现对不同类型数据（结构化、半结构化与非结构化）的统一管理与快速访问。

2. 弹性计算与并行处理

批处理、实时流处理以及交互式查询等大数据分析工作往往需要大规模并行计算能力作为支撑。传统模式下，开展这些工作往往依赖大量物理服务器，且对服务器配置要求较高。而云计算平台借助虚拟化技术、容器编排技术（如 Kubernetes），能在底层硬件之上搭建起弹性可伸缩的计算资源池。这一举措极大地降低了对物理服务器数量和配置的依赖，研究人员或企业无须一次性投入巨额成本即可在 Spark、MapReduce 等框架下利用海量计算节点并行执行数据分析任务。并且，他们还可以根据负载情况灵活调配计算实例，进而显著提高资源利用率与成本效益。

3. 多租户与安全隔离

在云环境中，多个用户或组织可以在统一的底层硬件资源上独立运行各自的应用程序以及开展数据分析工作，进而充分发挥规模效应，有效提升运行效率。而为了应对大数据处理过程中诸如敏感数据合规性与隐私保护等安全问题，云计算平台一般会采用严格的访问控制机制、加密存储技术以及完善的容器/虚拟机隔离手段，以确保云平台上多个租户之间的数据与计算任务互不干扰。通过这些措施，云计算平台既能满足监管要求，又能兼顾数据共享与协同分析的实际需求。

4. 服务模式与大数据生态融合

云计算的三大服务模式——基础设施即服务（Infrastructure as a Service, IaaS）、平台即服务（Platform as a Service, PaaS）和软件即服务（Software as a Service, SaaS）与大数据生态的深度结合催生了诸如"数据库即服务""数据分析即服务""机器学习即服务"等更多元化的服务形态。研究者可以在 PaaS 环境中直接调用预装的 Spark、Hadoop 以及各类机器学习库，无须关注底层集群的管理；企业也可以在 SaaS 平台上使用各种面向业务场景的分析应用，将大数据处理能力快速嵌入自身的业务流程中，从而实现数据驱动的决策优化。

5. 可观测性与智能化运维

大数据自身所具有的复杂性推动了云计算平台的可观测性与运维自动化技术的飞速发展。在研究中，智能化运维通过对海量监控数据（包括日志、指标和追踪数据）进行机器学习与深度学习分析，能够实现对云资源状态的准确监测、预测和实时调度。此外，凭借大数据分析，云计算平台还可实现故障自愈、性能调优和能耗优化等功能，从而在提供高可靠性和高性能的业务支持能力的同时降低运营成本并提高资源利用率。

云计算的出现不仅是技术发展的必然结果，而且是经济需求与市场竞争推动的集体选择。其核心价值在于通过共享的计算与存储基础设施，为各行各业提供低门槛、高弹性的数字化解决方案，并进一步助推数据驱动的创新与应用模式发展。在此基础上，研究人员、企业与政府机构能更加专注于深度挖掘数据价值和开发创新应用，推动"数据—知识—决策"的良性循环。这种"云计算＋大数据"的协同发展模式也为物联网、边缘计算、人工智能等新兴技术的落地提供了基础架构与技术支撑，进而引领信息社会乃至数字经济的持续演进与变革。

1.2 云计算的服务模式

云计算的服务模式（IaaS、PaaS、SaaS）分别在基础设施、平台与软件应用层面提供按需服务，帮助企业灵活利用 IT 资源，加速开发部署，节省运维成本，成为数字时代的核心支柱，促进了产业的升级。

1.2.1 IaaS

IaaS 是把 IT 基础设施作为一种服务通过网络对外提供，并根据消费者对资源的实际使用量或占用量进行计费的一种服务模式。[①]IaaS 是云计算三大服务模式中最底层的服务形态，它提供虚拟化的计算资源、存储和网络等基础设施。与传统的自建数据中心模式相比，IaaS 有以下几个特点。

1. 可按需动态伸缩

传统的自建数据中心需要企业或组织在前期投入大量资金用于购买和维护物理服务器、存储设备、网络设备等硬件资源，并且需要预留一部分冗余来应对业务高峰时期的资源需求波动。IaaS 则通过虚拟化技术，将底层的计算、存储和网络资源转化为可配置的云服务实例，供用户按需购买、动态伸缩和实时释放，这不仅能有效应对业务负载的波动，还能减少因硬件资源闲置而造成的成本浪费，使资源的使用效率得到最大化提升。企业与研究机构可以根据实际工作负载需要瞬时扩容或缩容计

---

① 胡伦，袁景凌.面向数字传播的云计算理论与技术 [M].武汉：武汉大学出版社，2022：12.

算节点和存储容量，而不必担心在设备采购和机房建设上浪费额外的资金与时间。

2. 能减轻硬件运维负担

在传统模式下，企业的 IT 团队基本上要负责硬件的选择、采购、部署、升级以及日常的运维与管理工作。在此基础上，企业还需要考虑机房的电力保障、空调冷却系统以及网络安全等方面的投入。

而在 IaaS 模式中，这些繁重而专业的硬件运维工作均由云服务提供商负责。通过大规模分布式数据中心、自动化运维、故障冗余机制等手段，服务商可以保证系统的高可用性与高可靠性，用户只需专注于在这些虚拟化资源之上进行应用的部署和管理，免去了对底层硬件的烦琐维护与升级。

3. 具有灵活可配置的虚拟化资源

IaaS 提供多种类型的虚拟机实例，这些实例具备不同的中央处理器（Central Processing Unit, CPU）、内存、存储和网络带宽配置，能够满足从小型测试环境到大型生产环境的各类需求。在存储和网络方面，IaaS 也具备丰富的产品形态与功能选项，如块存储、对象存储、文件存储、专用网络以及负载均衡等。

这种可定制化的方式能让用户在准确评估工作负载的基础上选取合适的计算和存储规格，实现成本、性能与可用性的最佳平衡。对于大规模数据分析、机器学习训练、海量请求处理等场景，用户还可以选择 GPU 实例或高性能计算集群等专业化配置来满足极端的算力需求。

4. 可实现资源共享与多租户管理

在 IaaS 环境中，云平台采用的虚拟化与容器化技术使同一物理服务器可以同时承载多个租户的应用与数据分析任务。多租户架构使物理资源能够被高度整合与共享，从而提升整体利用率并带来规模经济效益。

云服务商也能通过虚拟机级别的隔离、网络隔离、数据加密等严格的安全隔离与访问控制策略来确保不同租户之间的任务和数据互不干扰或泄露，从而兼顾共享资源与数据安全的双重需求。

1.2.2　PaaS

PaaS 是把服务器平台作为一种服务通过网络对外提供的一种服务模式。[①]它是云计算服务模式中的第二个层次，为企业和开发者提供了一个介于底层基础设施与最终应用之间的抽象层，通过统一的开发框架、工具链和运行环境简化了应用的构建、测试与部署过程。与 IaaS 相比，PaaS 不仅让开发团队无须处理底层服务器相关事务，还为上层应用的运行环境提供了强大的自动化支持，使开发团队能够将更多精力投入业务逻辑与功能创新。

在 PaaS 模式中，开发人员无须担心服务器的配置、操作系统补丁、数据库扩容和负载均衡等复杂细节，也无须自行构建和维护持续集成与部署的工具链，因为平台已经预置了这些组件。借助 PaaS 提供的开发管理控制台或命令行接口，开发者可以快速创建项目、添加依赖库和中间件，并实现一键式应用部署和滚动升级。当应用流量激增或功能逐步迭代时，平台会根据预先设定的策略自动对底层资源进行弹性伸缩或负载均衡，保障应用的可用性和稳定性。

在应用场景方面，因为 PaaS 具有降低技术门槛、减少硬件投入和降低系统运维成本的特点，所以它对初创企业和中小型团队有较大的吸引力。而对于大中型企业的内部研发部门，PaaS 也能通过统一的开发工具与标准化环境，实现更高的开发效率，保障开发质量，避免"环境不一致"导致的兼容性问题，加快迭代发布速度并提升协同效率。对于需要快速验证新功能、进行原型开发或开展持续集成与持续交付（Continuous Integration/Continuous Deliver, CI/CD）的团队而言，PaaS 所提供的自动

---

① 胡伦，袁景凌.面向数字传播的云计算理论与技术 [M].武汉：武汉大学出版社，2022：12.

化工具链与即开即用的测试环境同样能有效加速创新和迭代。

1.2.3 SaaS

SaaS 是消费者使用应用程序，但并不需要掌握操作系统、硬件或运行的网络基础架构。[①] 它是云计算服务模式中最上层的形态，与 IaaS、PaaS 相比，SaaS 所提供的已经不再只是底层硬件或开发环境，而是直接面向终端用户的完整应用。SaaS 有以下几个主要特征。

1. 免部署，免运维

在传统的本地部署模式下，企业需要购置物理服务器，安装操作系统和软件包，并持续开展硬件维护与安全加固工作。SaaS 则完全免去了这些环节，所有底层资源和软件应用都由云服务商在远程服务器上统一部署与管理，用户只需通过浏览器或移动客户端访问即可。这不仅显著减少了前期的硬件投资，还省去了升级服务器配置、打安全补丁、监控系统资源等烦琐的运维工作，让用户能够更加专注于自身的业务核心，无须为 IT 基础设施担忧。

2. 统一升级

在本地化软件中，企业需要周期性地自行下载并安装补丁或新版本，甚至可能因不同部门或地区使用不同版本的软件而出现数据不一致和管理困难的情况。在 SaaS 模式下，云服务商会定期集中推送功能更新与安全修复，所有客户都能同步使用最新版本和最新功能。如此一来，不仅避免了版本不兼容带来的风险，还确保了用户始终处于安全、稳定、功能完善的应用环境之中，大幅提升了使用体验和协作效率。

3. 按需付费

传统软件采购需要一次性支付高昂的授权费用并配合相应的硬件采

---

① 胡伦，袁景凌.面向数字传播的云计算理论与技术 [M].武汉：武汉大学出版社，2022：12.

购，而 SaaS 采用灵活的订阅制和使用量计费模式，用户可以选择月付或年付，也可以根据实际需要按功能模块、用户数量或使用时间来付费，避免了资源浪费和过度投入。对于初创企业或中小团队而言，这种分期、可弹性调整的付费方式可以显著缓解资金压力；而对于大中型组织而言，他们能更精准地规划 IT 预算，并根据团队规模的变化及时增加或减少订阅。

4. 广泛的访问方式

只要拥有网络连接，用户就能通过 PC、手机、平板等多种终端随时随地访问 SaaS 应用，这种跨平台、跨地点的灵活性使企业人员的协作与办公方式更加多元与便捷。在移动互联网时代，许多 SaaS 提供商还会推出专门的移动 App 或自适应网页，帮助用户在外出拜访客户、差旅或居家办公时同样能顺畅地处理业务，云端数据也可实时同步与备份，从侧面保证了多端协作的一致性与数据安全性。

5. 可伸缩性

SaaS 依托云计算的弹性基础设施，不仅能够在应用访问量突增时自动扩大服务器资源、提升网络带宽和存储容量，还能在业务低谷期将多余的资源收回，避免浪费。这种"用多少、买多少"的模式使用户无须承担预留大量硬件所带来的成本与管理压力。此外，云服务商还会部署负载均衡、集群容错等机制来确保应用在高负载下仍能平稳运行，这能极大地提升用户对突发业务增长的应对能力和对外提供服务的稳定性。

1.3 云计算的部署模式

云计算的部署模式主要分为四种：公有云、私有云、混合云和社区云。公有云由第三方厂商面向公众提供服务，用户可以按需付费，快速获取计算和存储资源；私有云由单个企业或组织独立部署和使用，适用于对数据安全和内部控制要求较高的场景；混合云将公有云和私有云组合在一起，利用它们各自的优势在成本与灵活性之间取得平衡；社区云则由具有共同需求或遵循相同合规要求的组织共同建设和使用，这能在共享资源的同时保证行业或专业领域的专属性。

1.3.1 公有云

公有云是指企业通过自己的基础设施直接向大众或者大行业提供的云服务，外部用户通过互联网访问服务，并不拥有云计算资源。[①]用户只需基于实际需求，通过订阅或按需付费的方式获得相应的服务即可，无须自行承担硬件采购、机房运营和运维管理的成本。借助公有云，个人和企业能够迅速搭建并扩展所需的 IT 环境，利用弹性伸缩机制应对访问量和业务需求的动态变化，还可享受到云服务商在技术迭代、安全防护和运维保障方面提供的专业支持。与私有云相比，公有云以共享化和规模化为核心，通过统一基础设施与管理平台最大限度地实现资源复用

---

① 徐颖秦，熊伟丽.物联网技术及应用 [M].2 版.北京：机械工业出版社，2023：195.

和成本分摊，因而具备高弹性、低门槛、快速部署等优势，为各种规模的创新型企业与项目提供了便捷的起步条件。国际上以亚马逊（AWS）、微软（Microsoft Azure）、谷歌云（Google Cloud）等为代表，国内则有阿里云、腾讯云、华为云等主流厂商，它们的公有云服务已成为当今数字经济发展的重要支柱。

1.3.2　私有云

私有云是指企业自己使用的云，是将云基础设施与软硬件资源创建在防火墙内，以供企业内各部门共享的数据资源。[①] 与公有云向大众开放不同的是，私有云仅限内部用户访问，它能在内部网络中实现与公有云相似的资源调度与弹性扩展，同时对数据和系统安全性拥有更高的掌控权。

私有云依托将企业内部的计算、存储与网络资源整合成统一的资源池，并通过管理与编排平台实现灵活调度。由于所有硬件与网络环境都在企业自身或专属托管设施中，所以组织能够严格控制数据流向与访问权限，进而满足合规要求与安全策略需求。企业可根据自身业务规模与性能需求，对系统架构进行更深层次的定制化优化。

当企业遇到敏感数据保护难题、需遵循严格法规要求，或是有深度整合现有 IT 系统的需求时，私有云往往会成为企业的首选方案。它采用虚拟化技术和容器编排平台来抽象底层硬件，配合自动化运维工具可以实现一键部署与弹性扩容。通过统一的管理控制台，企业能够对虚拟机、容器以及网络与存储资源进行集中监控与分配，并根据实际业务需求动态调整负载和容量。

在私有云环境下，企业 IT 部门不仅要掌握传统服务器、网络和存储的运维技能，还需熟悉云计算架构与自动化运维理念，以提供类似公

---

① 　徐颖秦，熊伟丽.物联网技术及应用 [M].2 版.北京：机械工业出版社，2023：195.

有云的服务目录、账单管理与资源调度能力。IT团队可借助云管理平台（Cloud Management Platforms, CMP）对各类计算与存储资源进行集中控制，通过完善的监控与预警系统及时识别故障点并进行弹性扩展或动态迁移。私有云的运维模式更强调标准化与自动化，以降低人工作业的风险以及节约成本。对于内部业务部门或开发团队来说，私有云能提供灵活的沙箱环境和敏捷的部署流程，让应用与项目在安全合规的前提下享受云计算带来的高效与便捷服务。

1.3.3　混合云

混合云是企业提供给自己和客户共同使用的云，其所提供的服务既可以供别人使用，也可以供自己使用。[①]混合云将公有云与私有云有机结合起来，在同一业务体系中既保留了私有云对核心数据和关键业务的严格把控这一显著优势，又利用公有云的高弹性和低成本优势来处理波动性任务或非敏感数据。通过在不同场景下灵活切换或同步数据流与工作负载，混合云帮助企业在安全合规、性能优化与成本控制方面实现了平衡。

混合云主要由私有云部分、公有云部分及它们之间的连接层组成。私有云包含企业内部的数据中心或专门托管的设施，通过虚拟化技术与自动化工具提供计算与存储服务；公有云部分由外部云服务商提供，能够迅速扩展资源。两者通过专用网络、虚拟专用网络（Virtual Private Network, VPN），或基于软件定义广域网络（Software-defined Networking in a Wide Area Network, SD-WAN）的网络连接相连，实现数据和服务的互操作性与集成。在技术层面，混合云架构的关键技术包括负载均衡、云存储网关、身份和访问管理（Identity and Access Management, IAM）以

---

① 　徐颖秦，熊伟丽.物联网技术及应用[M].2版.北京：机械工业出版社，2023：196.

及云管理平台。负载均衡技术使企业能够根据不同的业务场景将应用工作负载合理分配给私有云与公有云；云存储网关确保了在不同云环境中数据的一致性与可靠性；IAM 技术保障了跨云资源的统一身份验证与访问控制；云管理平台可集中监控、调配和管理私有云和公有云资源，让企业在统一界面了解资源使用与性能，自动优化配置，提升利用率，降低成本，灵活应对业务变化。

混合云实现了在业务敏捷性和成本控制之间的理想平衡，通过将非敏感的工作负载部署到公有云，企业可以降低资源成本并提高计算灵活性。而私有云以其高安全性和稳定性，适合承载法律合规、敏感数据以及核心业务系统等关键任务。混合云使企业能够灵活地选择部署策略，从而将动态变化的业务需求与成本效率进行最佳匹配，实现效益最大化。日常运营中的大部分资源可以放在私有云中，在高峰期或需要临时扩展时，快速弹性的公有云部分则可以提供支援。此外，混合云还能帮助企业避免"单一厂商依赖"的风险，确保云资源的多样性和竞争力。

1.3.4　社区云

社区云与公有云相似，不同的是社区云由众多有相仿利益的组织掌控及使用，不对除此组织之外的人公开。[①] 社区云聚焦于一类特定用户群体，借助共享的基础设施与云服务为这一群体内部的业务和协作提供安全、弹性且符合行业标准的 IT 环境。

在社区云中，资源的拥有权与使用权多数情况下由多方共同参与并协商决定，云平台的治理机制也需要兼顾各成员的业务特点与合规要求。由于社区云在硬件和管理层面都由联盟或行业内部掌控，所以参与者能确保敏感数据的访问与处理过程符合共同标准，进而提升整体的信息安

---

① 　胡伦，袁景凌.面向数字传播的云计算理论与技术 [M].武汉：武汉大学出版社，2022：13.

全水平。

在金融、医疗、政府等领域中，数据合规性与行业监管要求非常严格，在这种共同需求以及合规要求的驱动下，社区云形态有着很好的适应性。举例来说，医疗机构需要遵循患者隐私保护法规，在对诊疗数据进行统一管理和共享时，社区云能兼顾资源整合与隐私保护；金融行业在支付与交易环节面临着高安全性与低延迟的要求，同样可借助社区云来统一部署并共享合规的业务组件。

社区云的成功建设依赖清晰的成员合作机制和技术标准，所以一般由行业协会、政府部门或企业联盟共同出资并制定规范，它的运营模式既可由内部 IT 团队负责，也可外包给专业的云服务提供商。此类云平台可以通过统一的管理界面或应用程序接口（Application Program Interface，API）为各成员提供计算、存储、网络以及行业专用应用，形成一种跨组织的协作与资源共享模式。对于许多拥有相似业务流程或监管诉求的实体而言，社区云能实现安全保障与效率提升的有机统一，并以共同的技术与成本投入来构建更有针对性、稳定性与合规性的云计算环境。

1.4　云计算的总体架构

典型的云计算体系架构大体上可划分为以下五个部分：云终端、云计算资源池、存储资源池、云操作系统与云管理终端。

1.4.1　云终端

云终端是用户与云服务交互的入口，它是整个云计算体系中最前端的部分，如个人电脑、笔记本电脑、智能手机、平板电脑、物联网终端、智能家居设备等都可以视为云终端。

云终端的主要实现方式是借助操作系统或浏览器等客户端工具与云平台提供的 API 或应用服务进行通信。云终端需要通过网络连接云计算平台，将本地的处理能力与数据存储负荷转移到云端，用户只需在云终端上发出请求并获取返回结果即可。它的作用显著，一是能大幅减轻本地系统资源的占用，使用户可以随时随地访问云上应用与数据；二是为云计算服务的弹性与可扩展性提供了广泛的覆盖面。

1.4.2　云计算资源池

云计算资源池是云平台提供计算能力的核心区域。它汇集了海量的服务器、CPU 核与内存资源，并通过虚拟化或容器化技术将这些资源整合为可统一调度和管理的计算资源。虚拟化软件将物理硬件抽象成逻辑资源，配合分布式调度算法与自动化运维工具，实现弹性伸缩和快速部署。其作用是在不同用户与应用之间动态分配计算能力，并根据负载变化进行自动化扩容或迁移，这既能在高并发场景下迅速加大算力，又能在负载情况下降时节约成本，将资源利用率提升到一个新的水平。

1.4.3 存储资源池

存储资源池是为云计算提供数据存储服务的基础，它专门为用户提供海量且灵活的数据存储空间，以文件、对象或块存储等多种形态呈现给不同类型的应用。它的实现基于分布式存储架构，借助冗余副本、数据分片和自动故障转移等机制来保障数据的持久性与可用性。在存储资源池中，数据被分散存放在多个节点上，并通过容错算法确保即使部分节点出现故障也能继续访问。除了安全与高可用性，存储资源池还可以满足各种业务场景所需的读写性能、检索速度和数据生命周期管理的要求，让应用能够针对大规模数据进行实时分析或离线挖掘。

对于用户而言，存储资源池以统一的接口、协议提供存储服务，用户只需要关注数据的读写与管理即可，无须关心底层存储硬件的细节。

1.4.4 云操作系统

云操作系统是整个云计算环境的"大脑"和中枢，负责调度与协调计算、存储、网络等基础设施，并为上层应用提供统一的接口。通过控制层和数据层的分工，云操作系统将底层硬件的异构性屏蔽起来，为开发者和运营人员提供了标准化、自动化的管理功能。云操作系统包括虚拟机或容器编排、负载均衡、身份认证、监控和计费等关键模块，并借助 API 与微服务框架进行内部通信。云操作系统是各种服务模式（如 IaaS、PaaS、SaaS）的运行基石，支撑着海量用户和多租户环境下的持续运营与扩展。

1.4.5 云管理终端

云管理终端是运维人员和系统管理员管理整个云平台的"指挥中

心"，通常以 Web 控制台或命令行工具的形式出现，有时也会整合进专用的云管理平台软件。云管理终端通过直观的界面和可视化的仪表盘呈现系统的运行状态、资源分配情况以及告警信息，并允许管理员对资源进行创建、修改或回收。云管理终端的实现基于对云操作系统和管理 API 的调用，通过统一的权限与身份管理体系确保只有授权人员才能访问核心配置。它的意义在于简化对分布式资源的大规模管理，让运维团队能够更专注于架构优化、安全策略制定以及业务创新，而不是被烦琐的底层操作所牵制。

第2章 云计算安全概述

2.1 云安全

2.1.1 传统信息安全

传统的 IT 系统是封闭的，存在于企业内部，对外暴露的只是网页服务器、邮件服务器等少数接口。[①]通常而言，传统信息安全的首要关注点是物理层的安全，包括对机房、服务器及其他硬件设备的物理访问控制，以及结合门禁系统、监控系统以及防火墙等方式，使未经授权的人员无法接触核心设备和数据。因此，局域网或专有网络成为安全边界的主要划分依据，企业会在网络出口或关键节点部署防火墙、入侵检测系统（Intrusion Detection System, IDS）、入侵防御系统（Intrusion Prevention System, IPS）等，形成相对封闭的内部防线，从而抵御外部网络攻击。

---

① 李彦廷，戴经国，潘璟琳.云端数据安全技术与架构[M].南昌：江西人民出版社，2021：40.

在组织内部的网络与系统架构上，传统信息安全强调"纵深防御"的理念，安全策略是分层实施的。在网络层面，企业需要设置访问控制列表（Access Control List, ACL）对网络流量进行严格过滤；在系统层面，服务器需要安装杀毒软件、防病毒引擎或安全监控代理程序，通过定期更新威胁情报来阻断木马、勒索软件及其他恶意代码的传播；在应用层面，应用程序一般部署在企业内部受控环境中，IT 管理员可以对应用端口、数据库连接及服务接口进行相对稳定的安全管理。由于数据中心归企业自身所有，整个安全管控链条从硬件层到应用层都可由企业独立完成，所以在一定程度上简化了对第三方安全审计与管理工作的依赖。

在遵循信息安全法规以及行业标准的过程中，传统环境通常会用 ISO 27001（信息安全管理标准）、PCI DSS（Payment Card Industry Data Security Standard，支付卡行业数据安全标准）、HIPAA（Health Insurance Portability and Accountability Act，一项由美国卫生与公共服务部制定的联邦法规）等规范来指导安全管理体系的建立。这些规范要求组织对信息资产进行全面的风险评估，包括识别关键业务流程和数据、制定相应的安全控制措施以及在实际运行中定期审计与优化。传统信息安全也更加看重对本地 IT 团队专业能力的培养和资源投入，安全制度往往由企业内部的技术团队及高层管理人员共同制定，并按照既定的分级管理架构执行。在此模式下，信息与数据多存储在本地服务器或独立的数据中心中，企业对数据所在位置、硬件使用情况和访问权限的掌控度较高。

由于攻击面较为集中，所以传统信息安全的主要威胁一般来自网络边界外部以及内部潜在的恶意行为者。常见的安全措施包括在网络出口处布设防火墙并结合 VPN 实现远程接入的安全加固、对数据库服务器进行加密存储和备份、利用日志审计系统追踪用户操作等。总体而言，传统信息安全充分利用了相对封闭的网络环境和集中式的管理优势，通过硬件层与网络层相对稳定的结构以及丰富成熟的安全防护软件与审计机制，形成了一套较为完整的安全管理模式。

2.1.2　云安全的新变化与新挑战

从用户的角度来说，如何保证存储数据与计算结果的安全性、私密性和可用性是云计算安全的首要目标。目前的云计算技术存在诸多风险，特别是其整个架构具有独特的脆弱性，所以云安全正逐渐成为云计算技术发展中的一个关键关注点。

云计算的出现为信息技术带来了全新的生态与生产模式，也让安全问题在许多层面呈现出与传统信息安全截然不同的样态。在传统的计算模式下，用户对数据的存储与计算拥有完全的控制权，而在云计算模式下，用户数据与计算机的管理将完全依赖于服务提供商，而用户仅仅保留对虚拟机的控制权。[1]云计算安全需要在不同的服务层次和跨地域、跨组织的生态中与云服务提供商共享或划分责任，虚拟化层的安全、数据与应用的隔离、网络的跨区域访问以及对瞬时资源的调度管理等，均在技术与管理上提出了比传统模式更为复杂且多元化的安全需求。

云计算环境下，安全边界呈现出显著的模糊化特征，这与传统安全模式形成了鲜明对比。传统安全策略主要围绕本地局域网或专有网络来部署防火墙、入侵检测和访问控制手段，以此将企业内部资源与外部环境相对明确地隔离开来；而云计算则打破了这一边界，企业应用与数据往往分布在多个地理位置和不同云服务商提供的基础设施中。用户在享受按需部署和弹性扩容带来的灵活性的同时，不得不面对安全防线不再适用于"内部和外部"二元划分的现实。此时，用户需要在多租户环境、容器化平台和 API 网关等诸多方面开展高精度的权限与风险管理。此外，跨区域的数据传输与访问，使得合规性与隐私保护问题需要得到更全面的考量。比如，像通用数据保护条例（General Data Protection Regulation, GDPR）这类严格的法规，就要求企业能清晰地掌握数据所在位置、流转

---

[1]　梁亚声，汪永益，刘京菊，等.计算机网络安全教程 [M].4 版.北京：机械工业出版社，2024：308.

过程以及处理方式，这些无疑在管理与审计层面增加了难度。

除了边界的改变，云计算的虚拟化特性也促进了管理和防护方法的革新。传统环境中，服务器、网络设备、存储等实体硬件均在企业内部可控范围内，安全团队可以直接强化操作系统和应用，并结合专用硬件或内部策略实现纵深防御。云计算平台则将绝大部分底层硬件抽象成虚拟资源，企业需利用服务商提供的管理面板和 API 来进行资源分配和安全策略配置，彼此间形成了"共享责任模型"，即云服务提供商负责基础设施与虚拟化层的安全，用户则需要自行负责操作系统、应用及数据层的配置与安全维护工作。对于用户而言，这种责任的重新划分在减轻内部运维负担的同时，也要求其对云平台的技术特性和安全工具有更深入的认知，不仅要掌握防火墙、身份认证、访问控制等传统手段，还需要熟悉镜像安全、容器编排、密钥管理与审计等一系列云端特有的能力。

在实时监控与动态响应方面，传统的信息安全可以依赖相对静态的网络拓扑和服务器集群，借助周期性扫描和固定规则来实现较为稳定的风险识别与防护。云环境下的资源节点和应用实例会在分钟级甚至秒级频率上进行扩容或缩容，如果继续采用传统安全策略，很容易出现难以及时追踪和覆盖的安全空白。为了应对这种快速变动，云安全需要在策略与工具层面实现自动化、智能化，并与云平台自身的弹性能力紧密集成，如利用自动化配置管理工具在新建实例或容器时立即加载安全策略与补丁，或通过微服务架构在应用单元之间引入服务网格和加密通信的模式等。对于安全监控来说，更好地构建分布式日志和实时审计能力可以将云端各个虚拟机、容器及访问接口的运行轨迹无缝纳入监控范围，并结合机器学习或大数据分析发现潜在的异常与攻击迹象。

2.2　云计算的安全需求

在信息传输和存储过程中有三项必须遵守的基础安全原则，即保密性（Confidentiality）、完整性（Integrity）和可用性（Availability），这三个原则统称为信息安全三元组（CIA）。三者共同构成了信息安全领域用来概括和衡量信息系统在核心层面安全诉求的一种概念模型。简而言之，就是保护信息不被未经授权的人获取（保密性），不被恶意或无意篡改（完整性），并确保合法用户能随时正常访问（可用性）。

2.2.1　保密性

保密性也称机密性，其针对的是对敏感数据和核心业务逻辑的保护。由于云计算架构采用虚拟化技术并面向多租户，企业和个人的数据与其他用户的资源共享底层基础设施，外加跨地域部署和动态调度的特点，所以传统的信息边界难以明确界定。为了确保保密性，需要对数据全生命周期加密并实施访问控制，包括本地到云端传输加密、云存储静态加密以及在应用层对用户身份进行细粒度权限管理。而为了应对合规性要求和隐私保护法规，云服务提供商和用户应在密钥管理上各司其职，通过分级与分域策略抵御数据泄露风险。由此可见，保密性的实现不仅关乎加密算法与访问权限的严格设定，还与组织的云安全治理水平和跨云环境下的审计追踪能力息息相关。

2.2.2 完整性

完整性旨在确保数据及系统状态在整个处理与存储过程中不被篡改或意外损坏。由于数据通常会被分散在不同物理位置并冗余存储在多个节点上，任何节点故障或攻击都可能影响数据的正确性，因此为了增强数据的完整性，云服务商普遍采用分布式存储与自动化校验技术，通过实时的副本同步和校验机制来监控与修复可能出现的异常。此外，用户也应在业务逻辑中配合日志审计与版本管理，对每一次关键数据的写入或修改进行记录与验证，以便在出现问题时能够回溯到具体操作和变动过程。随着区块链技术与可信计算硬件在云平台上的应用不断成熟，数据防篡改和跨节点一致性维护的手段也变得更加丰富。可以说，完整性的保障既依托于云服务商在底层提供的高可靠存储与快照机制，也需要用户在应用层主动实施审计和校验策略，以实现对多租户环境中数据安全的全面监控。

2.2.3 可用性

可用性在云计算中意味着系统不仅能够持续提供服务，还要求具备灵活、快速的扩容或缩容能力，以应对突发流量或业务峰值。从云服务商的角度来说，多可用区的部署架构可为关键任务提供跨区域容灾和故障切换功能，通过负载均衡与弹性伸缩将请求自动分散至状态健康的节点或区域，避免因单点故障造成大规模业务中断。用户可基于自身业务的重要程度与成本考量，对关键应用采用混合云或跨云策略，将部分核心数据和服务部署在私有云或本地环境，配合公有云实现弹性调度和快速恢复。为了降低停机风险，用户和云服务商需要在软硬件层面部署冗余与监控机制，结合自动化运维工具及时发现和响应潜在异常。可用性的保证不仅依赖于稳健的底层基础设施，还需要在应用设计和日常运维中引入容错和容灾思维，让云计算平台在面临激增的工作负载或不可预期的故障时依然能稳定运行，从而充分发挥云环境灵活、高效的服务优势。

2.3 云计算安全体系

2.3.1 云安全体系结构模型

为了在复杂的云生态中实现有效的风险管控，云安全体系结构搭建起了物理安全、网络安全、应用安全和数据安全四个核心层面，并在此基础上衍生出了更有针对性的安全策略与运营管理机制。

在整体安全框架设计上，云服务提供商与用户需要共同遵循"纵深防御"与"多点协同"的理念：纵深防御强调从硬件层到软件层的多重安全控制，避免单一点的失守导致整体防线崩溃；多点协同则意味着各层防护策略不仅要各司其职，还需要形成相互联动，通过实时监控与快速响应实现对潜在威胁的全局掌控。只有将这两大理念贯穿云计算的全生命周期，从数据中心物理环境的设计到业务应用的上线运维，才能在云端真正构建具备安全韧性和可持续防御力的安全防护网络。

1. 物理安全

在传统方式下积累起来的物理安全业务连续性计划、灾难恢复等方面的大量知识和最佳实践同样适用于云计算环境。[①] 为了防止未经授权的访问与环境性风险，数据中心需要部署多重安保措施，包括门禁系统、视频监控、身份验证与巡逻检查等，还要确保关键设备具备防火、防震、

---

① 殷博,林永峰,陈亮.计算机网络安全技术与实践[M].哈尔滨: 东北林业大学出版社,2023: 201.

防潮等功能，并通过完善的电力与制冷系统保障服务器与网络设备的稳定运行。对于企业用户而言，了解云服务商在物理安全方面的合规性与认证也是评估云平台可信度的一个核心指标。只有在物理层获得可靠保障，云服务才能在后续的网络与应用层面发挥安全弹性与冗余能力。

2. 网络安全

传统网络安全是保护小规模数据、软硬件及其业务，云安全是保护分布式数据中心的服务器及其之上的软硬件、数据和服务。[①]云环境下的网络安全不仅需应对外部攻击，还需要在多租户共享环境中防范不同租户之间因配置不当或漏洞而引发的横向威胁。云服务提供商利用 VPN、虚拟交换机（vSwitch）和安全组等技术构建逻辑隔离机制，并在重要边界节点部署防火墙与 IDS。为了进一步强化数据传输的安全性，还需要通过 VPN 加密通道或安全套接层 / 传输层安全（SSL/TLS）协议来确保敏感信息在跨区域或跨云环境中传输时不被窃听或篡改。对于用户而言，合理规划网络拓扑、精细化配置访问控制规则以及实时监控流量异常，可以在云端实现与传统本地环境相当甚至更高水平的网络防护效果。

3. 应用安全

云计算的核心优势在于具有弹性以及能实现自助式资源获取，但这也使得应用层面面对更复杂的安全挑战。例如，开发者和运维人员在短时间内适配不同语言、框架和容器化技术非常容易产生安全漏洞，云服务提供商需借助应用防火墙、API 网关和安全审计工具等，为应用流量、接口调用与日志分析等关键环节提供安全支持；在微服务与容器化部署模式下，应用之间的通信与身份验证需要更严格的控制，只有利用服务网格、零信任网络和自动化 CI/CD 安全扫描技术，才能有效降低应用"热发布"或频繁更新带来的漏洞风险。对于用户而言，遵循"安全左移"

---

① 洪运国 . 大数据背景下网络安全问题研究 [M]. 北京：北京理工大学出版社，2021：109.

原则，将安全测试与代码审计前置到开发阶段，是提升云端应用整体安全性的关键。

4. 数据安全

数据既是核心资产，也是最易遭受泄露或篡改的目标。云服务提供商需要通过加密存储、多副本冗余与分布式校验等手段保障数据的完整性与可用性，同时为用户提供密钥管理服务（Key Management Service，KMS）与访问控制服务，以细化数据权限设定。用户则需结合自身行业规范与合规要求，利用云端工具对敏感数据进行全生命周期加密，从数据生成、传输、存储到销毁都严格遵循严谨的安全策略。密钥的保管与轮换则需要兼顾安全性与可用性，即在确保高等级保密的同时保证应用在正常情况下能快速解密数据。在云端应用中嵌入审计与访问日志，可以实现对数据操作的实时监控与长期留存，进而在发生安全事件时及时定位与追责。

在物理、网络、应用与数据四大层面形成的多层次防护体系之上，云服务提供商与企业用户还需要围绕策略制定、风险评估、事件响应与合规审计等环节展开协作，持续优化云安全的运营管理模式。通过明确的安全责任划分与灵活的安全产品组合，整个云安全体系得以在纵深防御与多点协同的理念指导下不断升级，保证云计算资源在承载业务创新与弹性扩容的同时，能够切实抵御各类恶意威胁与潜在风险，从而为组织的数字化转型提供坚实可靠的安全支撑。

2.3.2 云安全运营与管理

云安全运营与管理并不局限于技术层面的安全控制和工具应用，而是贯穿整个组织安全生命周期的系统性工作。由于多租户架构与跨地域部署的复杂性，因此如何在动态的应用与资源规模下持续、有效地管理安全风险成为云安全运营的核心命题。为此，许多组织会在内部或联合云服务提供商的专业能力建立云安全运营机制，从而确保安全策略的科学制定和风险评估的持续开展，并通过安全运营中心（Security Operations Center, SOC）实现对威胁、事件和合规要求的高效监控与响应。

安全策略制定是组织在云计算环境中建立整体安全框架的起点，需要结合业务特点、技术条件以及合规要求，形成覆盖云端基础设施、应用和数据等多层面的指导原则。在制定安全策略时，必须明确云服务提供商与用户的角色与义务，云环境中的资源弹性与跨区域部署也要求安全策略具备更高的灵活度与可扩展性，并为后续的风险评估与策略调整留出足够的空间。

在安全策略制定完成后，风险评估工作会以此为基准，综合分析云环境中的潜在威胁与漏洞，包括攻击手段、数据泄露风险、合规违规风险等多种因素。风险评估的流程需要借鉴国际通行的标准和框架，通过确定资产价值、识别威胁与脆弱性、评估发生概率和潜在影响，最终确定风险等级与应对优先级。对于云计算这种动态环境，风险评估不可一蹴而就，在业务迭代与云资源变更时必须进行周期性或实时化的重新审视。通过结合自动化扫描与渗透测试等技术手段，企业能够及时发现配置疏漏与潜在的攻击面，在风险演变或业务扩张前对安全策略进行适时调整，不断提升风险管控的精确度与前瞻性。

SOC 是云安全运营与管理的核心枢纽，它汇集了人员、流程和技术能力，通过对数据和事件的全面监控与分析，帮助组织及时发现潜在威胁并做出有效响应。与传统数据中心相比，云环境中的 SOC 需要处理更加庞大、分散的日志与监控数据，并在动态扩容和多租户环境下实现对不同资源与业务模块的细粒度可视化。借助日志采集、安全信息和事件管理（Security Information and Event Management, SIEM）平台及威胁情报等工具，SOC 能够对云上各层面的安全事件进行实时关联分析，及时识别异常流量、可疑登录行为或 API 调用失常等潜在攻击信号。

对于组织而言，SOC 不仅是云端安全事件的处理中心，也是感知安全态势与优化策略的重要支点。一方面，SOC 可以在发现安全威胁后立即启动应急响应流程，联动相关团队和自动化脚本隔离受感染的虚拟机或容器；另一方面，SOC 的分析结果对于完善安全策略和改进风险评估具有指导意义，通过深入剖析入侵手段和威胁来源，组织能够更有针对性地优化防护工具和配置策略，并将新的风险要素纳入下一轮安全策略制定与评估过程。

云安全运营与管理在云计算环境下需要基于持续的风险识别与策略更新，借助 SOC 实现对威胁事件与合规要求的闭环监控和快速响应。只有在组织层面统一规划云安全治理结构，并合理结合云服务提供商的专业支持与自动化运维工具，企业才能在多租户、分布式和弹性的云环境中保持稳健的安全态势，既能确保业务创新与灵活扩容顺利进行，又能有效抵御潜在的安全风险与违规风险。

2.4 云安全的防护策略与方法

　　云计算环境虽然在安全防护方面延续了传统网络安全的理念，但其多租户与分布式的特性对防火墙和入侵检测 / 防御系统（IDS/IPS）提出了新的要求。在云平台中，用户既要面对外部威胁，又要谨慎应对多租户环境下的潜在横向攻击，因此需要合理部署与管理防护系统，以适配虚拟化资源和弹性扩容的动态场景。

　　云环境下的防火墙部署模式主要体现在虚拟化和软件定义网络（Software Defined Network, SDN）的深度融合上。传统防火墙一般部署在网络出口或边界位置，负责过滤外部数据流量。然而，云计算消弭了固定的物理边界，取而代之的是虚拟私有云（Virtual Private Cloud, VPC）、虚拟交换机和安全组等逻辑架构，因此防火墙也必须紧贴这些虚拟化组件灵活布设。在 IaaS 层，云服务提供商通常会提供安全组或分布式虚拟防火墙，以精细化的方式对实例间通信和外部访问进行规则管理；在 PaaS 或 SaaS 层，防火墙功能常被集成至负载均衡、容器编排平台或应用网关中，帮助用户在应用发布与流量分发时对访问请求进行安全筛选。这种模块化、分布式的部署形态不仅能够适应动态扩容与跨地域分布而带来的网络流动性，还使得安全策略可以根据业务需求在不同层级灵活配置。同时，这样的模式一般也需要引入集中化管理面板或 API，以便自动化地执行安全规则更新与策略下发任务，使防火墙防护范围随业务扩张而同步调整，降低运维复杂度与配置失误风险。

　　在 IDS/IPS 方面，云计算同样展现了更多的应用场景与难点。IDS/

IPS 的核心目标是对网络或系统中的流量与行为进行实时监控和分析，及时识别出可疑活动并阻断或告警。在云计算环境下，虚拟机、容器或无服务器等技术的广泛应用使用户与云服务提供商共享基础设施层，网络流量和计算负载也较传统环境更具分散性与瞬时性。为了捕捉这些高度动态化和多样化的流量数据，IDS/IPS 需要与云平台的网络架构深度融合，通过在虚拟交换机或宿主机层注入检测引擎的方式，对内部流量进行细粒度监测。云服务商则需提供基于镜像流量或日志流的安全检测能力，使用户可以将流量副本路由至专用检测集群或第三方安全分析工具，从而对流量进行深度审查。

云环境下的防火墙与 IDS/IPS 防护策略不再依赖于传统边界式部署，而是更加注重与虚拟化、自动化以及多租户隔离机制的深度融合。企业和组织在选择或配置云端安全服务时，需要综合评估自身的业务规模与部署需求，在灵活性与精细化管理之间取得平衡，通过可视化与自动化的管控能力降低运维难度和错误率。同时，要针对加密通信、多租户合规以及云端资源动态扩展等新挑战，采取有效的检测与管理策略，将安全检测的范围与效率提升至与云计算弹性相匹配的水平，从而构筑起可靠的纵深防御。

第3章 云计算服务安全

3.1 IaaS 用户安全问题与检查清单

3.1.1 IaaS 架构的典型安全风险

尽管 IaaS 为组织带来了灵活性与可扩展性，但其底层依赖的虚拟化及云管理平台也会产生新的安全隐患。

1. 虚拟机逃逸

正常情况下，同一虚拟化平台下的客户虚拟机之间不能互相监视，否则会影响其他虚拟机及其进程，但虚拟化漏洞的存在或隔离方式的不正确可能会导致隔离失效，使非特权虚拟机获得虚拟机监视器（Hypervisor）的访问权限，并入侵同一宿主机上的其他虚拟机，这种现象被称为虚拟机逃逸。[①]虚拟机逃逸是云计算环境中极具危害性和隐蔽性的安全风险之一。在 IaaS 架构中，大量的虚拟机在同一台宿主机或一组

---

① 刘杨，彭木根．物联网安全 [M]．北京：北京邮电大学出版社，2022：216．

宿主机上共享硬件资源，虚拟化管理程序则负责在宿主操作系统上对这些虚拟机的硬件访问进行抽象与隔离。攻击者一旦利用 Hypervisor 的漏洞或错误配置从某个虚拟机逃逸，便可获取宿主机级别的访问权限，进而对其他虚拟机乃至整个云环境造成严重威胁。

（1）虚拟机逃逸安全风险的成因。

① Hypervisor 层漏洞：部分 Hypervisor 或虚拟化管理工具可能会因为软件自身的漏洞、缓冲区溢出或设计缺陷等，存在可被利用的安全漏洞。如果攻击者能在虚拟机内执行特定的代码或载荷并触发漏洞，便会突破虚拟机边界，进而访问底层宿主操作系统或主机硬件资源。常见的 Hypervisor 包括 VMware ESXi、Xen、KVM、Hyper-V 等，它们都曾曝出过具有一定攻击可能的安全漏洞。随着虚拟化技术的普及，这些漏洞被攻击者利用的风险也会相应升高。

②安全配置不当：在 IaaS 环境中，运维人员或用户为了提高管理的便捷性，有时会开启某些高风险功能，如共享剪贴板、文件共享、虚拟机的远程桌面等，或疏于对虚拟机间的网络进行隔离，导致潜在攻击面被扩大。如果像 API、控制台这样的 Hypervisor 管理接口缺乏强认证和访问控制，或未对管理接口的访问流量进行必要的加密与审计，就可能成为攻击者入侵并尝试逃逸的目标。

③恶意软件与零日漏洞：部署在 IaaS 环境中的虚拟机若遭受恶意软件感染，攻击者便可利用该恶意软件对虚拟化环境进行扫描和探测，一旦发现漏洞便可试图发起逃逸攻击；"零日漏洞"指的是尚未公开或修复的未知漏洞，此类漏洞隐蔽性高、破坏性大，使得虚拟机逃逸难以被传统的杀毒软件或防火墙及时发现。

（2）虚拟机逃逸安全风险的应对措施。

①及时更新与漏洞修补：定期跟踪和应用虚拟化软件及操作系统的安全补丁，以防范逃逸攻击；对 Hypervisor 厂商发布的紧急安全公告保持高度关注，并在验证兼容性后及时升级；还要建立完善的漏洞管理流

程，包括漏洞扫描、评估与修补，从而减少暴露在已知安全漏洞下的时间窗口。

②实施严格的访问控制与权限管理：对虚拟化管理平台（如 API、管理控制平台等）进行严格的身份验证与最小权限设置；限制不必要的管理接口暴露在公网或低信任网络这种不安全环境中，并采用 VPN 或零信任网络架构来保障远程连接的安全性；在虚拟机操作系统中，遵循最小权限原则设置用户账户和进程权限，杜绝随意赋予管理员级别权限的情况。

③加强网络隔离与流量监控：使用虚拟局域网（Virtual Local Area Network, VLAN）、虚拟扩展局域网（Virtual Lxtensible Local Area Network, VXLAN）、SDN 技术，将不同安全级别或租户之间的虚拟机网络隔离开来，确保单个虚拟机的风险不会轻易扩散到其他虚拟机或宿主机层面；对虚拟机间的通信实施严格的访问策略并加密，对东西向（数据中心内部虚拟机之间）流量实施实时监测并开展异常检测工作，以及时发现潜在威胁；在云网络层面部署 IDS 或 IPS，并配合日志审计与安全信息和事件管理系统，实时监控可疑流量，实施快速检测与响应机制。

④施行安全加固与基线配置：对虚拟机操作系统进行安全基线加固，关闭不必要的端口与服务、配置防火墙策略、启用 SELinux/AppArmor、禁用默认账户等；对 Hypervisor 进行安全基线检查，确认其所有配置均符合最佳实践，禁用不必要的服务和功能，使用安全的远程管理协议并开启加密通信。

⑤构建纵深防御并执行信任区划分：在宿主机、Hypervisor、虚拟机操作系统及应用层均部署相应的安全控制，包括防火墙、IDS/IPS、端点安全防护等，形成多层次、立体化的防御体系；将关键业务与一般业务在不同物理或逻辑隔离的资源池中运行，从而降低单点突破或逃逸带来的整体损失。

2.API 安全风险

API 是供云用户访问他们存储在云中的数据的。在这些接口或用于运行软件中的任何错误或故障都可能会导致用户数据的泄露。[1]IaaS 通过公开的 API 供用户进行资源管理与自动化运维，如创建和销毁虚拟机、配置网络与负载均衡、管理存储卷等。如果 API 实现或访问控制存在漏洞，则可能遭到攻击者的利用，产生未经授权的操作、敏感数据窃取或服务拒绝等问题。API 调用流量缺少必要的加密或审计也会使 IaaS 平台面临较高的安全风险。

（1）API 安全风险的成因。

①身份验证与授权机制薄弱：IaaS 的 API 提供管理云端资源的能力，一旦 API 的认证与授权机制过于简单，或者没有使用多因素身份验证，攻击者就可以通过暴力破解或窃取凭证的方式获得对云资源的控制权；如果在 API 的设计或调用中缺少最小权限原则的概念，用户凭证或令牌（Token）可能拥有过大的权限范围，一旦被盗用，攻击者就能操作与访问远超预期范围的资源。

②加密传输与安全通道不完善：一些云平台或用户自建的 API 网关若没有启用超文本传输安全协议 / 传输层安全协议（HTTPS/TLS）等加密手段，将容易导致通信过程中的账户凭证、访问令牌（Access Token）以及请求参数被窃听或篡改；即使开启了 HTTPS，如果使用了易受攻击的 SSL/TLS 版本或不安全的加密算法，也难以抵御中间人的攻击及其他窃听或篡改行为。

③密钥与凭证管理不当：在自动化脚本或配置文件中对 API 密钥进行硬编码，一旦代码库泄露或配置文件被不当共享，就会导致凭证外泄，从而为攻击者打开后门；当多个团队或合作伙伴共用同一个 API 凭证时，

---

[1]　徐保民,李春艳.云安全深度剖析:技术原理及应用实践[M].北京:机械工业出版社,2016：50.

若没有进行密钥轮换或存储加密，密钥一旦被不可信人员掌握就会威胁整个 IaaS 环境的安全。

④缺乏访问审计与监控：未对 API 调用进行日志记录或只记录有限的参数信息，难以在事后溯源或分析，当发生恶意调用或异常操作时无法及时检测并采取措施；如果缺乏针对 API 调用的实时监测和报警机制，一旦攻击者利用盗取的密钥或凭证进行非法操作，往往需要较长时间才能发现，造成更严重的后果。

⑤业务逻辑漏洞与过度信任：有些云管理 API 在提供丰富功能的同时，隐藏了较为复杂的业务逻辑，一旦出现绕过输入校验或越权调用的情况，就会导致关键资源被滥用；一些企业在内部网络或 VPN 中使用同一套 API 鉴权策略，假设内部环境是"安全的"，从而降低了身份验证强度或放松访问控制，一旦内部网络被渗透，API 将受到较大威胁。

（2）API 安全风险的应对措施。

①实施强身份验证与授权控制：根据用户或应用的真实需求，为其分配最小化的 API 权限，定期审查并回收不需要的权限，防止被滥用；结合密码、短信或生物特征等多种方式对 API 调用方进行身份验证，显著提升攻击者获取系统访问权限的难度；为不同角色定义访问级别，避免所有用户使用同一个高权限账号。

②加固 API 通信与安全通道：在部署 API 网关或反向代理时，强制使用 HTTPS，并确保使用安全的 TLS 版本和强加密套件，杜绝明文传输；定期更换 TLS 证书，禁止使用自签名证书或过期证书，通过积极部署在线证书状态协议或证书吊销列表等方式确保证书状态有效。

③实施健全的密钥管理策略：使用安全的密钥库或符合加密标准的 KMS 来存储 API 密钥，禁止在公共代码库、脚本或配置文件中硬编码敏感信息；建立密钥生命周期管理策略，定期对密钥进行轮换，并在人员变动或合作结束时及时回收或吊销相关凭证；在测试、预生产和生产环境中使用不同的 API 密钥和凭证，避免测试环境出现信息泄露殃及生产环境。

④完善 API 访问审计与监控：详细记录所有的 API 调用，包括请求时间、源 IP、请求参数、返回码等信息，以便事后分析与审计；部署安全事件监控平台或日志分析系统，使用机器学习或规则匹配的方法对 API 调用进行异常检测，一旦出现异常的 API 调用频次、权限升级或敏感操作行为，及时报警并触发防护措施；定期回顾和评估审计日志，识别潜在风险与操作违规，持续优化 API 安全策略。

⑤实施业务逻辑安全与分层校验：在 API 中实现严格的输入校验，防止常见注入攻击，同时确保关键参数无法被篡改或越权调用；针对关键业务操作，可以采用请求签名、随机数（Nonce）等机制，避免攻击者截获合法请求并重放；在 API 网关层面，对单个 IP 或 Access Token 的调用频率进行限速，防止暴力破解和高频异常访问造成的系统压力或滥用。

⑥导入零信任安全架构：不再默认内部网络是安全可信的，通过身份验证、端点合规性检测和最小权限控制，降低横向移动的风险；结合网络情况、设备风险评分、行为分析等因素，对 API 调用者进行动态授权，落实自适应安全策略。

3.1.2　IaaS 安全检查清单

在云计算的服务模式中，IaaS 提供商在安全层面需要承担最基础、最核心的防护工作。用户在选择服务提供商时应重点关注以下安全清单，以确保自身获得一个可持续、可依赖的云环境。

1. 网络与边界安全

（1）云服务提供商是否支持 VPC、VLAN 或类似技术来对不同租户或不同业务环境进行逻辑隔离。

（2）云服务提供商是否提供简洁直观的网络分区、子网设置界面，方便云用户根据自身需求制定安全策略。

（3）云服务提供商是否提供基础的分布式阻断服务；是否有针对大流量清洗、自动弹性防护等的服务。

（4）在遭遇超大流量攻击时，云服务提供商能否提供临时或升级版的防护方案。

（5）云服务提供商是否支持云端防火墙灵活配置；是否能够为应用提供防火墙保护。

（6）云服务平台是否内置或支持集成 IDS/IPS，并提供相应的告警与可视化报表。

2. 计算环境与虚拟化安全

（1）云服务提供商的 Hypervisor、容器在运行时是否应用了最新安全补丁；是否会定期执行安全审计和渗透测试。

（2）云服务平台是否支持微分段，并能对不同虚拟机/容器之间的流量进行细粒度管控。

（3）云服务提供商是否提供安全基线镜像，并能快速修复已知安全漏洞。

（4）云用户自定义镜像并上传后，云服务提供商是否会提供病毒查杀、恶意软件扫描或安全检查服务。

（5）云服务提供商是否会定期更新宿主机操作系统、虚拟化管理组件的安全补丁；是否会公告这些操作。

（6）对于自行维护的操作系统，云服务提供商是否会提供可选的补丁管理服务或自动化升级工具。

3. 身份与访问管理

（1）云服务提供商管理控制台是否支持多因子认证；管理员账号是否可以强制开启。

（2）云服务提供商是否为细粒度的子账号、角色提供多因素身份认证（Multi-factor Authentication, MFA）配置选项。

（3）云服务提供商是否会提供安全的 API 网关，是否会对 API 请求进行鉴权、限流和日志记录。

（4）云服务提供商是否具备完善的 API 审计能力，是否可追溯关键操作和变更。

（5）云服务提供商是否会提供 KMS，以便集中管理加密密钥、SSL 证书等。

（6）是否支持用户自带的预训练、语言模型应用于云服务平台，是否能满足在合规或数据主权方面的要求。

4. 数据安全与加密

（1）云服务提供商是否默认或可配置地对块存储、对象存储进行磁盘级别的加密。

（2）云服务提供商是否支持自带密钥，云用户能否自由选择加密算法、密钥管理方式。

（3）云用户和云服务提供商之间的管理通道、API 调用是否使用 TLS（最好是 TLS 1.2/1.3）。

（4）云端内部跨可用区或跨节点之间的数据传输是否支持加密。

（5）云服务提供商是否提供自动化或自助式备份机制，是否支持多副本、跨可用区/跨区域冗余。

（6）云服务提供商是否支持灵活的恢复方式及灾难恢复演练，以确保业务连续性。

5. 安全监控与日志审计

（1）云服务提供商是否提供对网络流量、系统事件、API 调用、操作日志等多维度日志的捕获与统一存储。

（2）云服务提供商能否方便地将日志推送到用户自有的安全信息和事件管理系统或第三方监控平台。

（3）云服务提供商是否具备 7×24 小时安全运营能力，或是否能提供相应的服务支持。

（4）云服务提供商是否支持用户定制报警规则、接收方式，方便用户实时获得重要安全事件预警。

（5）云服务提供商是否引入了威胁情报平台，是否能对已知恶意 IP、恶意软件样本进行实时拦截。

（6）云服务提供商是否会对内部系统或租户环境进行定期或持续的漏洞扫描和渗透测试。

6. 安全策略与自动化

（1）云平台是否能与基础设施即代码（Infrastructureas Code, IaC）集成，并在资源部署时进行安全基线或合规性检查。

（2）出现高危、不合规配置时，系统能否自动拒绝或告警。

（3）云服务提供商是否提供支持软件供应链安全检测的服务。

（4）云服务提供商是否有完善的工具链集成，便于在 CI/CD 阶段执行安全测试。

7. 责任共担与合规保障

（1）云服务提供商是否在文档或合同中清晰阐述了云平台与云用户各自的安全责任。

（2）云服务提供商是否提供操作指南、最佳实践文档，帮助云用户在操作系统层面、应用层面做好安全加固。

（3）云服务提供商是否具有主流安全认证，并能向用户提供审计报告或证明。

（4）云服务提供商是否能满足本地或国际数据安全法规的合规要求。

（5）云服务提供商的服务等级协议对可用性、响应时间以及安全事件赔付标准有没有明确说明。

（6）云服务提供商是否拥有完善的应急处置流程，能否在发生重大安全或灾难事件时及时通知并协助云用户恢复业务。

3.1.3　自动化脚本进行安全检查与配置审计

面对大规模、多实例、多区域的云资源，人工核对与配置必然会导致安全成本增高、效率降低以及漏检等问题出现。编写自动化脚本（如 Python、Bash 等）可以大幅提升安全检查的准确度，并将检查结果快速输出到日志或报告中，进一步与监控、告警系统集成，从而实现闭环管理。下面将介绍几点关键思路、常见场景及示例脚本片段。

1. 检查云端网络安全组配置

在 IaaS 环境中，自动化扫描系统经常需要扫描所有实例和安全组，以此检查是否有高危端口对公网暴露、是否存在不合规的 IP 段开放等情况。下面以 AWS 为例，使用 boto3 进行演示。如果使用其他云（如 Azure、阿里云、华为云等），则需替换成相应的官方 Python SDK 及 API 调用方法。

```python
#!/usr/bin/env python3
"""
scan_sg.py
用途：
    - 批量扫描 AWS 上所有的 Security Group（安全组），
    - 检测高危端口是否对 0.0.0.0/0 全量开放。

使用方法：
    - pip install boto3
    - 配置 AWS_ACCESS_KEY_ID/AWS_SECRET_ACCESS_KEY/
AWS_REGION
    - python scan_sg.py
"""

import boto3

# 定义易受攻击或高危端口，例如 SSH(22)、RDP(3389)、
```

```
MySQL(3306)
HIGH_RISK_PORTS = [22, 3389, 3306, 5432]
SUSPICIOUS_CIDR = "0.0.0.0/0"

def scan_security_groups(region="us-east-1"):
    # 初始化 EC2 客户端
    ec2_client = boto3.client("ec2", region_
name=region)

    # 获取所有安全组
    response = ec2_client.describe_security_
groups()
    security_groups = response["SecurityGroups"]

    findings = []
    for sg in security_groups:
        sg_id = sg.get("GroupId")
        sg_name = sg.get("GroupName", "")
        ip_permissions = sg.get("IpPermis-
sions", [])

        for rule in ip_permissions:
            from_port = rule.get("FromPort")
            to_port = rule.get("ToPort")
            ip_ranges = rule.get("IpRanges", [])

            # 仅当端口范围在 high risk ports 内时进行
```

进一步检查

```
            if from_port in HIGH_RISK_PORTS or to_
port in HIGH_RISK_PORTS:
                for ip_range in ip_ranges:
                    cidr_ip = ip_range.
get("CidrIp", "")
                    if cidr_ip == SUSPICIOUS_CIDR:
                        findings.append({
                            "SecurityGroupId": sg_
id,
                            "SecurityGroupName":
sg_name,
                            "PortRange": f"{from_
port}-{to_port}",
                            "CidrIp": cidr_ip
                        })

    return findings


def main():
    region = "us-east-1"  # 根据实际情况指定
    results = scan_security_groups(region)

    if results:
        print("=== 检测到不合规或高风险安全组配置如下:
===")
        for idx, item in enumerate(results,
```

```
start=1):
        print(f"[{idx}]  SG_ID:
{item['SecurityGroupId']}, "
        f"Name: {item['SecurityGroupName']}, "
        f"Ports: {item['PortRange']}, "
        f"CIDR: {item['CidrIp']}")
    else:
        print("未发现针对高危端口开放至 0.0.0.0/0 的
安全组规则。")


if __name__ == "__main__":
    main()
```

关键点解析:

（1）高危端口检查。通过 HIGH_RISK_PORTS 列表集中定义哪些端口属于敏感或高危，若检测到对应端口对 0.0.0.0/0（任何公网 IP）全部开放，则判定为不合规。

（2）脚本可扩展性。可以新增对用户数据报协议、端口范围等的扫描，若需要自动移除规则，可调用 ec2_client.revoke_security_group_ingress() 等 API 进行批量修复。

（3）与 CI/CD 或定时任务相结合。可以将此脚本纳入 Jenkins、GitLab CI、GitHub Actions 或 Cron 定时任务中，形成"自动发现—自动告警"的闭环。

2. 检查云主机操作系统的安全配置

在云主机内，对操作系统（Operating System, OS）进行安全基线检查【如 SSH（Secure Shell，一种加密的网络协议）登录策略、补丁状态、重要服务端口等】同样至关重要。下面以 Python+paramiko 的方式，用代码示例来实现远程登录多台主机批量收集信息。

```python
python
#!/usr/bin/env python3
"""

host_audit.py
用途:
    - 通过 SSH 批量登录多台云主机, 检查以下配置:
    1.OS 版本、内核版本
    2.SSH 配置 (PermitRootLogin,PasswordAuthentic
ation)
    3.安全更新状态
    4.其他可扩展的检查项
依赖:
    - pip install paramiko
    - 需要 hosts.txt 存放主机信息
"""


import paramiko

def read_hosts_list(filename="hosts.txt"):
    """
    文件格式示例:
        192.168.1.10, ubuntu, /home/ubuntu/.ssh/id_rsa
        192.168.1.11, root, /root/.ssh/id_rsa
    """
    hosts = []
    with open(filename, "r") as f:
        for line in f:
```

```
            line = line.strip()
            if not line or line.startswith("#"):
                continue
            ip, user, key_path = [x.strip() for x
in line.split(",")]
            hosts.append((ip, user, key_path))
    return hosts


def ssh_check(ip, username, key_path):
    """
```

通过 SSH 登录主机，并执行若干安全检查命令，返回结果。

```
    """
    ssh = paramiko.SSHClient()
    ssh.set_missing_host_key_policy(paramiko.
AutoAddPolicy())

    try:
        ssh.connect(ip, username=username, key_
filename=key_path, timeout=10)

        commands = [
            # 1.OS 版本 & 内核
            "uname -a",
            # 2.SSH 配置
            "grep '^PermitRootLogin' /etc/ssh/sshd_
config || echo 'No PermitRootLogin Setting'",
```

```
        "grep '^PasswordAuthentication' /etc/ssh/
sshd_config || echo 'No PasswordAuthentication
Setting",
        # 3. 安全更新（以 Ubuntu 为例）
            "sudo apt-get update -q > /dev/
null 2>&1 && sudo apt-get -s upgrade | grep -i
security",
        ]

    results = {}
    for cmd in commands:
            stdin, stdout, stderr = ssh.exec_
command(cmd)
                output = stdout.read().
decode("utf-8").strip()
            error = stderr.read().decode("utf-8").
strip()

            results[cmd] = (output, error)

    return results

except Exception as e:
    return {"error": str(e)}
finally:
    ssh.close()
```

```
def main():
    hosts = read_hosts_list("hosts.txt")

    for ip, user, key in hosts:
        print(f"=== 检查主机：{ip} (User: {user})
===")

        check_results = ssh_check(ip, user, key)

        if "error" in check_results:
            print(f"SSH 连 接 失 败：{check_
results['error']}")
            continue

        for cmd, (out, err) in check_results.
items():
            print(f"命令：{cmd}\n输出：{out}\n错
误：{err}\n{'-'*50}")

        print("\n")

if __name__ == "__main__":
    main()
```

关键点解析：

（1）批量管理。通过 hosts.txt 文件集中存储主机 IP、用户、密钥路径信息，再循环依次连接。此外，还可以将信息存储为 CSV、JSON 格式文件，或存储到数据库中。

（2）典型检查项。

①OS/内核版本是否过时。

②SSH配置是否允许root登录，是否开放密码登录。

③以Ubuntu系列为例，检查是否有待安装的安全补丁。如果需更深入的安全检查，还可以编写自定义脚本（如Shell、Python）在远程服务器上执行，以检查防火墙规则、服务端口监听状态等。

（3）错误处理。若主机无法连接或密钥错误，脚本会记录异常，避免影响后续主机检查。

（4）安全性。本示例使用SSHkey登录，建议不要在脚本中硬编码密码。生产环境中可结合KMS（如AWS Secrets Manager、HashiCorp Vault）集中管理密钥。

3.Bash *脚本示例*

对于单台或少量云主机，也可以在目标主机上直接运行Bash脚本快速检查常见配置，示例如下：

```bash
#!/bin/bash
# system_security_check.sh
#
# 用途：
#    - 在当前Linux主机上执行一系列安全检查
#    - 输出版本信息、SSH配置、补丁情况、防火墙规则等
#

echo "==== (1) 检查操作系统和内核版本 ===="
```

```
uname -a

echo -e "\n==== (2) 检查待安装的安全更新 ===="
# 针对 Debian/Ubuntu 系
sudo apt-get update -q > /dev/null 2>&1
sudo apt-get -s upgrade | grep -i security

echo -e "\n==== (3) 检查 SSH 配置 ===="
SSHD_CONFIG="/etc/ssh/sshd_config"
grep '^PermitRootLogin' $SSHD_CONFIG || echo
"PermitRootLogin 未配置 "
grep '^PasswordAuthentication' $SSHD_CONFIG || echo
"PasswordAuthentication 未配置 "

echo -e "\n==== (4) 检查当前 iptables / nftables 规
则 ===="
# 若系统使用 iptables
sudo iptables -L -n
# 若使用 nftables，可替换为
# sudo nft list ruleset

echo -e "\n==== (5) 检查当前监听的端口和进程 ===="
sudo netstat -tulpn 2>/dev/null || echo "netstat
命令不可用，请使用 ss 工具。"

echo -e "\n 安全检查完成。"
```

使用方法如下：

（1）将脚本复制到目标主机 /usr/local/bin/system_security_check.sh。

（2）赋予可执行权限：chmod +x system_security_check.sh。

（3）执行脚本：sudo ./system_security_check.sh。

（4）根据输出结果查看是否存在安全隐患（如启用 root 登录、缺少补丁等）。

3.2 PaaS 用户安全问题与检查清单

PaaS 有着更高的抽象层次，提供了从运行时、容器编排到中间件、数据库的一站式服务。也正因如此，PaaS 衍生出了不少更具挑战性的安全问题。

3.2.1 PaaS 架构中的安全隐患

PaaS 的安全检查清单可以参考 IaaS 安全检查清单的内容。

1. 环境短暂性与容器化特征

在 PaaS 模式下，平台通过容器或沙箱来承载应用，这些运行实例可在负载变化时即时创建或销毁，用户无须担心主机层面的维护。但环境的短暂性会带来运维与审计方面的隐患，若敏感信息随着容器的生命周期写入临时存储，一旦实例被销毁，就会导致数据丢失、取证难度上升等问题。对于多租户共用容器与宿主机的情况，若容器引擎或底层编排器存在隔离漏洞，也可能发生跨租户的数据窃取与访问冲突。用户在使用此类 PaaS 时，应关注平台方对容器补丁更新和安全加固的策略，并确保应用本身没有越权调用操作系统特权命令，避免扩散容器层面的漏洞风险。

2. 服务绑定与密钥管理

PaaS 通过服务绑定的方式自动注入数据库、消息队列、缓存等服务的访问密钥与链接信息，这种注入方式虽然简化了部署流程，但存在环境变量易泄露或被不当记录在日志中的问题。在团队协作或插件调用过程中，一旦明文密钥出现在公共代码仓库或日志系统里，攻击者就可轻易利用这些信息访问敏感数据。面对这种风险，用户应利用平台提供的 KMS 或与外部 KMS 集成，采用加密或令牌化的方式保护链接信息。在进行测试、生产环境的切换时，要严格控制变量与配置切换，以免出现跨环境的资源误用。

3. 多租户高密度部署与资源竞争

PaaS 依赖多租户共用底层基础设施，通常会在同一宿主机或集群上承载大量应用实例。这种高密度部署方式虽然能够带来成本与效率方面的优势，但也隐藏了资源抢占与侧信道攻击等潜在风险。若平台的资源调度不具备完善的服务质量保障，其中的关键应用可能会因遭受无意或恶意的资源争夺而失去可用性。在安全层面，一旦出现针对 CPU 缓存或内核漏洞的侧信道攻击，机密信息就可能会被跨容器或跨进程窃取。用户在选择 PaaS 时应了解其多租户隔离机制，包括容器间的网络通信加密、CPU 和内存的安全调度，以及是否可为高价值应用提供更高等级的独享资源或隔离部署模式。

4. 运行时黑盒与可见性不足

与 IaaS 相比，PaaS 抽象了更多底层细节，用户无法直接通过 SSH 登录到容器或宿主机开展排障与安全取证工作，只能依赖平台输出的应用日志、监控指标或诊断工具。一旦发生应用疑似被入侵、关键数据泄露等安全事件，用户很难及时获取到容器内核级的调用信息或系统日志，所以具体的取证能力取决于平台方的开放程度和支持水平。为了应对这一限制，用户应在应用层尽可能完善日志与监控方案，将关键日志发送到自有的安全信息和事件管理平台或日志平台，并在合同或服务等级协议中与 PaaS 厂商约定应急响应流程和取证支持标准。

5. 插件生态扩展与快速集成的风险

许多 PaaS 平台设有类似应用市场或插件中心的功能，用户可以一键操作集成身份认证、数据分析、缓存服务等第三方组件。这样的生态拓展举措确实提高了开发效率，但同样加剧了安全隐患。一旦插件源头不可靠或更新不及时，就可能隐藏后门与漏洞，攻击者就可借此侵入应用的关键数据流。一旦出现严重的安全漏洞，依赖该插件的所有应用都将遭受波及。用户在采用这类扩展时，应先评估插件的安全资质及更新频率，查看社区或官方公告中是否存在已披露的重大安全问题。最好对插件进行最低权限的配置，限制其对核心数据或服务的访问权限，并建立及时的补丁更新与监控机制。

3.2.2 CI/CD 与容器化部署示例

下面聚焦于具体的脚本 / 配置示例，演示在 CI/CD 流水线中执行依赖包安全扫描、容器镜像扫描，以及在一个简易的 PaaS 平台环境（如 Docker Compose、Kubernetes）上部署应用并启用部分安全配置。

1.CI/CD 管道中的安全检查示例

下面以 GitLab CI 为例，展示在构建阶段执行依赖包安全扫描与容器镜像扫描（结合 Trivy 等常用工具）的方法。若使用 Jenkins 或其他平台，可做相应替换，思路类似。

```yaml
# .gitlab-ci.yml
stages:
  - build
  - scan
  - deploy

variables:
  DOCKER_IMAGE: registry.example.com/myapp
  DOCKER_TAG: $CI_COMMIT_SHA
```

```
build-job:
  stage: build
  script:
    # 1. 安装依赖包 (Node.js, Python 等，视项目而定 )
    - echo "Installing dependencies..."
    - npm install   # 示例
    # 2. 构建应用
    - echo "Building app..."
    - npm run build
    # 3. 构建 Docker 镜像
    - docker build -t $DOCKER_IMAGE:$DOCKER_TAG .
    # 4. 推送到镜像仓库
    - docker push $DOCKER_IMAGE:$DOCKER_TAG


scan-job:
  stage: scan
  # 在容器镜像中执行安全扫描，这里示例使用 trivy
  # 需要先安装 trivy 或在 runner 环境中可用
  script:
    - echo "Starting security scan with Trivy..."
    - trivy image --exit-code 1 --severity
HIGH,CRITICAL $DOCKER_IMAGE:$DOCKER_TAG
    # 上述命令若发现高危 / 严重漏洞，会以退出码 1 导致
    # pipeline 失败，阻止后续部署
    - echo "Dependency or image scan completed."
  # 若要对代码依赖进行 SAST/SCA 扫描，可在此添加对应工
```

```
具命令

deploy-job:
  stage: deploy
  # 若前面构建 & 扫描成功，再进行部署
  script:
    - echo "Deploying to PaaS environment..."
    # 调用容器编排平台 API 或 Helm / kubectl 等命令
    - kubectl set image deployment/myapp
myapp=$DOCKER_IMAGE:$DOCKER_TAG
  only:
    - main  # 仅在 main 分支执行部署
```

关键点解析:

（1）依赖包安全扫描。在扫描工作（Scan-job）中，可插入专门检测 Node.js/Python 等依赖漏洞的工具（如 Npm Audit、Pip Audit、Yarn Audit）或商业软件成分分析（Software Composition Analysis, SCA）工具。

（2）容器镜像扫描。示例中使用 Trivy 来扫描高危漏洞，一旦检测到严重风险，CI 就会中止，保证带漏洞的镜像不流向生产环境。

（3）部署流程。只有容器镜像漏洞或高危依赖等问题不存在，才允许进入部署阶段（Deploy-job），最终将镜像部署到目标 PaaS 或 Kubernetes 集群。

2. 在 Docker Compose/Kubernetes 上的安全配置

下面给出两个示例，一个是 Docker Compose 环境部署的精简应用（含网络限制），另一个是 Kubernetes 环境启用部分的安全策略（如 NetworkPolicy、PodSecurity 等）。

Docker Compose 示例:

```yaml
# docker-compose.yml
version: '3.9'
services:
  webapp:
    image: registry.example.com/myapp:latest
    ports:
      - "80:80"
    networks:
      - frontend
    # 安全相关设置示例:
    # - read_only: true
    # 尽量将容器根文件系统设置为只读（若应用支持）
    # - cap_drop:
    #     - ALL                          # 去掉大部分
Linuxcapabilities
    environment:
      - NODE_ENV=production
      - DB_HOST=db
      - DB_PASSWORD=${DB_PASSWORD}
      # 敏感信息可从 .env 注入，或使用其他秘密管理
    depends_on:
      - db

  db:
    image: mysql:8.0
    volumes:
```

```
    - db-data:/var/lib/mysql
  environment:
    - MYSQL_ROOT_PASSWORD=${DB_ROOT_PASSWORD}
  networks:
    - backend
  # 不暴露外部端口，防止外部直接连接数据库

networks:
  frontend:
  backend:

volumes:
  db-data:
```

关键点解析：

（1）网络隔离。使用 Frontend 和 Backend 两个网络进行隔离，Webapp 仅将端口 80 对外暴露，数据库容器仅允许在内部网络中被访问，避免其暴露到公网。

（2）最小化容器权限。若应用支持，可添加 read_only:true 配置、去除不必要的 Linux 能力（Capabilities），以减少因容器被攻破而带来的危害。

（3）敏感配置。数据库密码等敏感变量不要直接硬编码在 docker-compose.yml，可使用 .env 文件或外部 Secret 管理工具进行存储。

Kubernetes 示例：

```
yaml
# deployment.yaml
apiVersion: apps/v1
```

```
kind: Deployment
metadata:
  name: myapp
spec:
  replicas: 2
  selector:
    matchLabels:
      app: myapp
  template:
    metadata:
      labels:
        app: myapp
    spec:
      containers:
      - name: myapp-container
        image: registry.example.com/myapp:latest
        ports:
        - containerPort: 80
        securityContext:
          readOnlyRootFilesystem: true
          runAsNonRoot: true
          runAsUser: 1000
        env:
        - name: DB_PASSWORD
          valueFrom:
            secretKeyRef:
              name: myapp-secrets
```

```
                key: db-password
---
# networkpolicy.yaml
apiVersion: networking.k8s.io/v1
kind: NetworkPolicy
metadata:
  name: deny-all-except-app
  namespace: default
spec:
  podSelector:
    matchLabels:
      app: myapp
  policyTypes:
    - Ingress
    - Egress
  ingress:
    - from:
      # 允许来自同一应用或指定标签的 Pod
      - podSelector:
          matchLabels:
            app: myapp
  egress:
    - to:
      # 若需要访问数据库服务，可以指定 serviceSelector
或 ipBlock
      - serviceSelector:
          matchLabels:
```

```
            app: mydb
---
# PodSecurity YAML(注意: 旧版 Kubernetes 使用
PodSecurityPolicy,
# 新版可用 PodSecurity Admission)
apiVersion: pod-security.admission.config.k8s.io/
v1beta1
kind: PodSecurityConfiguration
metadata:
  name: restricted-policy
spec:
  # 示例化写法,根据 K8s 版本可能不同
  defaults:
    enforce: "restricted"
    enforceVersion: "latest"
```

关键点解析:

(1)安全上下文。使容器以非 root 用户运行、只读根文件系统,这样可以使容器在被攻破时减小影响范围。

(2)NetworkPolicy。配置从入站(Ingress)到出站(Egress)的细粒度规则,避免本 Pod 随意访问集群内的其他服务;若只希望和数据库 Pod 通信,可进一步限制出站目标。

(3)敏感信息管理。通过 Secret 对象存储数据库密码,然后在 Deployment 中使用 valueFrom.secretKeyRef 进行注入,避免在明文中写出敏感字符串。

(4)PodSecurity。将命名空间级别的安全策略设置为 Restricted,禁止不必要的特权操作或挂载。根据 Kubernetes 版本的不同,可使用 PodSecurity Admission 或者旧版的 PodSecurityPolicy(PSP)做更细化的权限约束。

3.3 SaaS 应用安全保护机制

下面用几个示例来展示 SaaS 场景下的常见安全加固手段，代码示例覆盖 OAuth2.0、SAML 的客户端 / 服务端整合，以及 Kong/NGINX Ingress 对 JWT 或 API 签名的校验。在实际生产中，企业需结合自身安全策略、合规要求以及与其他组件的集成方式综合考量，同时要确保密钥管理、证书加密、日志审计等配套机制到位，从而构建真正稳健的 SaaS 安全防护体系。

3.3.1 基于 OAuth 2.0 的认证授权示例

以下示例使用 Node.js+Express 框架，并搭配 passport.js 库的 passport-oauth2 策略，模拟一个简易的 OAuth 2.0 客户端（资源服务器）与授权服务器的交互流程。用户在此处登录并授权后，获取 Access Token 以访问受保护资源。

```js
// server.js
const express = require('express');
const session = require('express-session');
const passport = require('passport');
const OAuth2Strategy = require('passport-oauth2').
Strategy;
```

```
const app = express();

// 使用 session 存储用户登录信息
app.use(session({ secret: 'mysecret', resave:
false, saveUninitialized: true }));
app.use(passport.initialize());
app.use(passport.session());

// 序列化 & 反序列化用户
passport.serializeUser((user, done) => done(null,
user));
passport.deserializeUser((obj, done) => done(null,
obj));

// 配置 OAuth2 策略：假设授权服务器地址为 https://auth.
example.com
passport.use('oauth2', new OAuth2Strategy({
    authorizationURL: 'https://auth.example.com/
oauth/authorize',
    tokenURL: 'https://auth.example.com/oauth/
token',
  clientID: 'myClientID',
  clientSecret: 'myClientSecret',
    callbackURL: 'http://localhost:3000/auth/
callback'
  },
```

```
(accessToken, refreshToken, profile, done) => {
    // 此处可携带 accessToken 去请求用户信息，或存储在
session
    const user = { accessToken };
    return done(null, user);
  }
));


// 访问受保护资源的路由
function ensureAuthenticated(req, res, next) {
  if (req.isAuthenticated()) { return next(); }
  res.redirect('/login');
}


app.get('/login', passport.authenticate('oauth2'));


app.get('/auth/callback',
  passport.authenticate('oauth2', { failureRedirect:
'/error' }),
  (req, res) => res.redirect('/protected')
);


app.get('/protected', ensureAuthenticated, (req,
res) => {
  res.send('Hello, your token is: ${req.user.
accessToken}');
});
```

```
app.listen(3000, () => console.log('OAuth2 Client
listening on http://localhost:3000'));
```

关键点解析：

（1）passport-oauth2 用于与外部授权服务器进行 OAuth 2.0 交互。

（2）ensureAuthenticated 确保只有登录并拥有 Access Token 的用户才能访问受保护路由。

（3）在实际生产环境中，运维工程师可以将 Access Token 存储在更安全的地方，并对 Token 进行有效期管理、刷新处理等。

3.3.2 基于 SAML 的身份联合示例

下面演示一个基于 Node.js+passport-saml 的场景，在该场景中，用户通过 SAML IdP（身份提供商）登录并回调至服务端，从而完成单点登录（SSO）。

```js
// saml-server.js
const express = require('express');
const session = require('express-session');
const passport = require('passport');
const SamlStrategy = require('passport-saml').
Strategy;
const fs = require('fs');

const app = express();
app.use(session({ secret: 'samlSecret', resave:
false, saveUninitialized: true }));
```

```
app.use(passport.initialize());
app.use(passport.session());

passport.serializeUser((user, done) => done(null,
user));
passport.deserializeUser((obj, done) => done(null,
obj));

// 读取 IdP 公钥证书
const idpCert = fs.readFileSync('./idp-public-
cert.pem', 'utf-8');

passport.use(new SamlStrategy({
  entryPoint: 'https://idp.example.com/sso',
// IdP 登录入口
  issuer: 'my-saml-app',
// SP 的 EntityID
  callbackUrl: 'http://localhost:4000/saml/acs',
// SAML Assertion Consumer Service(ACS) 回调地址
  cert: idpCert,
// IdP 的公钥证书，用于验证签名
  // ... 还可配置 signatureAlgorithm,logoutUrl 等
},
(profile, done) => {
  // SAML Profile 通常包含用户属性、nameID 等信息
  return done(null, profile);
}));
```

```
function isLoggedIn(req, res, next) {
  if (req.isAuthenticated()) return next();
  res.redirect('/login');
}

app.get('/login', passport.authenticate('saml', {
failureRedirect: '/error' }));

// SAML 回调路由
app.post('/saml/acs',
  passport.authenticate('saml', { failureRedirect:
'/error' }),
  (req, res) => {
    // 登录成功
    res.redirect('/dashboard');
  }
);

app.get('/dashboard', isLoggedIn, (req, res) => {
  res.send('SAML Login Success! Hello, ${req.user.
nameID}');
});

app.listen(4000, () => console.log('SAML SP
listening on http://localhost:4000'));
```

关键点解析：

（1）与 OAuth2.0 不同，此示例通过 SAML 协议与 IdP 进行 XML 文档交换。

（2）在生产环境中，要配置好签名验证、断言加密等安全选项，以保证数据在传输与存储过程中的安全性。

（3）需要在 IdP 平台上注册好服务供应商（Service Provider, SP）的元数据，以及在 SP 端配置 IdP 的元数据。

3.3.3 利用 API Gateway 实现安全加固

API 网关常用于对对外暴露的 API 进行统一管理和安全防护。以下示例分别展示 Kong 中编写自定义插件（Lua 脚本）校验 JWT，以及在 NGINXIngress 中通过配置方式校验 JWT 或 API 签名。

Kong 自定义插件示例（Lua 脚本）：

```lua
-- kong/plugins/jwt-verify/handler.lua
local BasePlugin = require "kong.plugins.base_plugin"
local jwt = require "resty.jwt"

local JwtVerifyHandler = BasePlugin:extend()

function JwtVerifyHandler:new()
  JwtVerifyHandler.super.new(self, "jwt-verify")
end

function JwtVerifyHandler:access(conf)
```

```
JwtVerifyHandler.super.access(self)

  local auth_header = ngx.req.get_headers()
["Authorization"]
  if not auth_header then
    return ngx.exit(ngx.HTTP_UNAUTHORIZED)
  end

  local token = string.match(auth_header,
"Bearer%s+(.+)")
  if not token then
    return ngx.exit(ngx.HTTP_UNAUTHORIZED)
  end

  -- 校验 JWT
  local decoded = jwt:verify(conf.jwt_secret_key,
token)
  if not decoded or not decoded.valid then
    return ngx.exit(ngx.HTTP_UNAUTHORIZED)
  end

  -- 校验通过后，可在请求头或上下文中注入用户信息
  ngx.req.set_header("X-User-Id", decoded.payload.
sub)
end

return JwtVerifyHandler
```

```yaml
# kong.yaml - 在 Kong Admin API 或配置文件中启用该
插件
_format_version: "1.1"
services:
  - name: my-saasy-service
    url: http://my-service:8080
    plugins:
      - name: jwt-verify
        config:
          jwt_secret_key: "mySecretKeyUsedForJWT"
routes:
  - name: my-saasy-route
    service: my-saasy-service
    hosts:
      - api.example.com
```

关键点解析：

（1）自定义插件在 access() 阶段拦截请求，从 Authorization 头中提取 JWT，验证签名与有效期。

（2）验证通过后，可向上游服务传递用户标识，否则返回 401 Unauthorized。

（3）jwt_secret_key 可以使用更安全的方式（如 K8s Secret 或 Vault）进行管理。

在 NGINXIngress 中对 JWT 进行校验（Kubernetes）：

```yaml
# ingress-jwt.yaml
apiVersion: networking.k8s.io/v1
kind: Ingress
metadata:
  name: my-saasy-app-ingress
  annotations:
    kubernetes.io/ingress.class: "nginx"
    nginx.ingress.kubernetes.io/auth-type: "jwt"
    nginx.ingress.kubernetes.io/auth-jwt-secret:
"default/my-jwt-secret"  # 存储签名密钥
    nginx.ingress.kubernetes.io/auth-jwt-key:
"secretKey" # Secret 中存储的 key
    nginx.ingress.kubernetes.io/auth-jwt-realm:
"Protected"
spec:
  rules:
    - host: app.example.com
      http:
        paths:
        - path: /
          pathType: Prefix
          backend:
            service:
              name: my-service
              port:
                number: 80
```

关键点解析：

（1）nginx.ingress.kubernetes.io/auth–type：“jwt” 是 基 于 NGINX Ingress Controller 的 JWT 校验功能（依赖特定版本或插件）。

（2）将签名密钥保存在 K8s Secret 对象中，示例如下：

```
kubectl create secret generic my-jwt-secret \
  --from-literal=secretKey=mySecretKeyUsedForJWT
```

（3）一旦该功能启用，Ingress 在转发请求前会自动校验 Token，若 Token 无效或过期，会返回 401 Unauthorized。

第4章 数据安全技术及其应用策略

4.1 数据加密与密钥管理策略

4.1.1 数据加密技术概述

数据加密作为保障云端数据机密性与完整性的重要技术手段，对云计算的广泛应用和可持续发展起着至关重要的作用。根据密钥管理方式与加密算法原理的差异，常见的数据加密技术可分为对称加密、非对称加密以及新兴的同态加密、属性加密等。

1. 对称加密与非对称加密算法的应用场景

（1）对称加密。对称加密是指加密数据的密钥和解密数据的密钥是相同的加密类型，故也被称为共享密钥加密。[①] 对称加密使用单一密钥

---

① 聂长海，陆超逸，高维忠，等. 区块链技术基础教程：原理方法及实践 [M]. 北京：机械工业出版社，2023：23.

执行加密与解密操作，具有运算速度快、算法实现简单等特征。常见的对称加密算法有 AES（Advanced Encryption Standard）、DES（Data Encryption Standard）及 3DES（Triple DES）等。由于对称加密的计算效率较高，因此比较适合云端存储的数据加密、实时视频与音频流的保护等这些对海量数据进行加密的批量处理场景。

但是，对称加密在带来高效率的同时也带来了密钥管理复杂的问题，如果共享密钥在传输或存储过程中被窃取，则所有使用该密钥加密的敏感数据都可能被解密。

（2）非对称加密。非对称加密是指加密数据的密钥和解密数据的密钥是不同的加密类型，非对称加密算法需要两个密钥：公钥（Public Key）和私钥（Private Key）。[1] 公钥可公开用于加密或数字签名验证，私钥由拥有者妥善保管并用于解密或签名生成。典型的非对称加密算法有 RSA、ECC 等。

相较于对称加密，非对称加密更易于密钥分发，公钥可以公开发布，解决了传统对称密钥分发过程中的"安全通道"难题，其在身份认证、数字签名等领域也具备突出优势。相应地，非对称加密的加密与解密过程在计算量和时间开销方面会明显大于对称加密，所以不适合对大规模、高吞吐量的数据进行加密。

在云计算中，非对称加密常被用于关键密钥交换、访问控制和数字签名等场景，对称加密则多用在数据传输或存储环节对实际业务数据进行高效加密。两者优势互补就构成了一种"混合加密"方案，即先用非对称加密安全地交换对称密钥，再用对称加密对大批量数据进行加密。

2.同态加密与属性加密在云中的潜力

（1）同态加密。所谓同态（Homomorphic），是指明文在加密前后

---

① 聂长海，陆超逸，高维忠，等 . 区块链技术基础教程：原理方法及实践 [M]. 北京：机械工业出版社，2023：24.

进行同一代数运算（如加法或乘法运算）的结果是等价的。同态加密的本质为加密函数，其中，仅满足加法同态或乘法同态的算法称为半同态加密（Semi-homomorphic encryption）或部分同态加密（Somewhat-homomorphic Encryption），如 Paillier 加密和 DGK 加密仅满足加法同态，RSA 算法和 ElGamal 算法仅满足乘法同态；同时满足加法同态和乘法同态的算法称为全同态加密，如 Gentry 提出的基于理想格的全同态加密算法。[①] 在明文空间和密文空间之间存在某种可保持运算结果一致的映射，使在密文状态下亦可对数据进行特定的算术或逻辑运算，而无须先行解密，这在云计算场景中颇具潜力。用户可以将加密后的数据外包给云端，云服务商在不知晓明文数据内容的前提下进行计算或分析，并将运算结果返回给用户，而且同态加密能在一定程度上解决敏感数据无法直接共享给第三方的问题。

目前，同态加密在算法复杂度和性能方面仍存在瓶颈，其运算耗时比传统加解密操作多出数倍甚至数十倍，难以满足实际生产环境对实时性和大规模处理的需求。因此，现阶段对其的应用多集中在对数据隐私保护和行业合规要求高、计算规模相对可控的领域以及学术研究与试点项目中。

（2）属性加密。属性加密是用形式化的证明技术来构造安全且支持一对多加密特性的密码学方案，以属性为公钥，将密文和用户私钥与属性关联，并且灵活地表示访问策略。[②] 它根据一组属性（如部门、角色、地理位置等）为用户颁发相应的密钥，只有满足预先定义的属性条件的用户才能成功解密数据。在云计算和大数据应用中，属性加密能够提供更灵活和细粒度的访问控制，如医药、政府或大型企业等需要对不同层级用户或者跨组织协同场景进行严格的数据共享管理，从理论上来说，

① 　孟小峰 . 数据隐私与数据治理：概念与技术 [M]. 北京：机械工业出版社，2023：119.

② 　黄勤龙，杨义先 . 云计算数据安全 [M]. 北京：北京邮电大学出版社，2018：34.

属性加密能够提供有效的解决方案。

在分布式、多租户环境中，属性加密可有效降低密钥分发与管理的复杂性，并支持基于用户职能、项目需求或地理位置等这些更为灵活的访问策略定义。但是，属性加密的密钥生成与管理机制比较复杂，需要构建完备的属性集和策略库，还要考虑组织架构随业务变化而动态调整属性。对于访问权限频繁变动或海量用户接入的环境，属性加密的扩展性与运维成本也需纳入考虑范围。

4.1.2　密钥管理与分发策略

1. 本地密钥管理与云端密钥托管的利弊

随着《中华人民共和国网络安全法》《中华人民共和国数据安全法》《中华人民共和国个人信息保护法》《中华人民共和国密码法》《商用密码管理条例》等一系列法律法规的施行，企业和机构在加密密钥的管理上面临更严格的合规与审计要求。同时，国家也日益重视对关键信息基础设施的安全防护及数据主权保护。因此，在密钥存储位置和控制方式的选择上，应综合权衡本地密钥管理与云端密钥托管的优劣势。

（1）本地密钥管理。本地密钥管理为企业提供了较高的自主控制能力，使他们能够最大限度地掌握密钥的生成、分发与销毁流程，因此非常适合金融、政府、能源和电信等领域。对于需要采用国密算法（如SM2、SM3、SM4）或参加"等级保护2.0"测评的企业而言，本地方式也更容易与自主研发或国产安全设备进行深度集成，并可及时接受相应的监管审计。将密钥保存在企业内部还能防止敏感数据在特定场景下流转至第三方平台，从而降低了信息泄露的风险，确保责任可追溯。但在本地管理密钥也意味着要有较高的投入和维护成本，需要采购专用硬件、搭建机房和冗余网络，同时配备专业的安全运维团队来应对复杂的密钥生命周期管理。面对业务高峰或新业务需求，现有本地KMS难以及时扩容或升级功能，多地分支机构或跨区域部署的成本也会随之增加。如果本地密钥管理系统出现安全事故或硬件故障，数据加解密业务甚至可能因此瘫痪，只有完善的容灾、备份与应急响应机制才能有效降低这一风险。

（2）云端密钥托管。相比之下，云端密钥托管能让企业快速部署并按需扩展，主流云服务商（如阿里云、腾讯云、华为云）提供的 KMS 能够动态分配资源，企业无须在早期投入过多资金和人力。云厂商通常已经通过 ISO 27001、等级保护测评、可信云认证等多项国内外权威认证，还会提供完善的密钥使用审计日志，能帮助企业达到监管与合规的标准。由于常见的云端 KMS 内置了周期性密钥轮换、加密算法更新与防篡改日志等功能，因此企业日常运维的复杂度也大幅降低。不过，云端密钥托管却展现出对云服务商产生了更深的信任与依赖的劣势，尤其在多云或跨境数据传输场景下，需充分评估服务商的安全能力、业务连续性及纠纷解决机制。部分敏感行业或关键信息基础设施运营方也会面临更严格的审批与备案要求，必须保证云数据中心位于境内，以免触及跨境合规风险。如果企业采用了多家云服务或构建了混合云架构，那么统一密钥管理策略的难度会显著提高，对系统对接与策略协调的投入也会随之增加。

2. 硬件安全模块的应用与合规要求

在许多需要高等级安全防护的场景中，仅使用软件层面的加密与密钥管理系统往往无法抵御物理入侵以及恶意篡改等潜在风险，这种时候，硬件安全模块（Hardware Security Module, HSM）的介入能够极大地改善此类风险。HSM 通过防拆卸和抗攻击设计，可以为密钥的生成、存储和保护提供更加安全的硬件环境，并且大部分的加解密运算都在内部完成。金融行业常用 HSM 来保障交易签名、证书私钥以及身份认证等关键流程的安全性，政府涉密部门和关键信息基础设施运营方同样依赖 HSM 来应对更高等级的安全需求。对于需要处理大量加解密操作的应用场景，如 HTTPS 流量负载、区块链智能合约，HSM 内置的硬件加速器能够在保持较低延迟的同时提供高吞吐量。目前，部分国产 HSM 产品已经通过了国家密码管理部门的认证，可以支持 SM2、SM3、SM4 等商用密码算法，这对于金融、政企等对国密算法有合规需求的领域来说至关重要。

在我国，HSM 产品需要通过商用密码产品认证、国家密码管理局批准或其他权威测评，部分行业还会依照《信息安全技术：网络安全等级保护基本要求》（GB/T 22239—2019）进行评估。金融、证券和重要基础设施等领域受到银保监会、证监会和中华人民共和国工业和信息化部等部门的监管，其对加密与密钥管理也有具体的行业规范与技术要求；如果涉及对外提供在线支付或互联网金融服务，则还需满足支付牌照和风控审查的要求。为了防止内部舞弊或人为疏忽导致密钥泄露，HSM 的使用过程必须得到完整且可追溯的操作审计和人员授权管理，尤其需要明确密钥管理员与运维人员的权限范围，并进行双人或多方协作审批。所有访问、密钥导出、算法升级与固件更新都要有防篡改的日志记录，并且要定期开展灾备与安全演练，对密钥在多地进行备份或分片存储，以保证在突发故障、自然灾害或网络攻击中能及时恢复。

HSM 的广泛应用离不开政策的支持和各行业对合规的重视。部分云厂商也提供了云 HSM 服务，借助物理隔离、国密兼容、审批备案等手段，将云端弹性和高安全性结合在一起。然而，不管是企业自建 HSM，还是使用云 HSM，都应确保其符合国家及行业监管部门对商用密码应用的要求，并在运维审计、访问控制和安全策略等方面建立完善的管理制度，这样才能真正实现加密体系的自主可控与安全可靠。

4.1.3 不同密码学库加密示例

加密与密钥管理策略的代码实现思路大体可归结为以下几点。

第一，对称加密 / 非对称加密。在本地使用成熟安全库（如 AES、RSA 等）的做法适合小规模或对安全可控要求较高的场景。

第二，KMS/Key Vault/Vault。将密钥的生命周期、访问控制、轮换等管理上云或交由专业密钥管理系统的做法适合大规模以及对合规性要求严格的场景。

第三，Envelope Encryption。无论是 AWS KMS，还是 Azure Key Vault、Vault，它们都支持先用主密钥加密数据密钥，再用该数据密钥加密实际大文件或大量数据的模式，这样可以同时满足安全保障与效率提高两方面的需求。

第四，安全要点。密钥不可在代码或日志中明文暴露，注意权限最小化，使用随机数发生器时需确保质量，注意加密模式的认证能力（如 GCM）与填充安全等。

下面演示从基础密码学库（如 Python cryptography、Java Bouncy Castle）到云端密钥管理服务（如 AWS KMS、Azure Key Vault、HashiCorp Vault）的一系列实现示例。

1.Python cryptography 库

（1）对称加密（AES）。下面以 AES-GCM 模式为示例，加密一段明文，并验证解密是否正确。

```python
# aes_gcm_example.py
from cryptography.hazmat.primitives.ciphers import
Cipher, algorithms, modes
from cryptography.hazmat.backends import default_
backend
import os

def aes_gcm_encrypt(key, plaintext, associated_
data=None):
    # 生成随机 96-bit(12 字节 )nonce
```

```
    nonce = os.urandom(12)
    encryptor = Cipher(
        algorithms.AES(key),
        modes.GCM(nonce),
        backend=default_backend()
    ).encryptor()

    if associated_data:
            encryptor.authenticate_additional_
data(associated_data)

     ciphertext = encryptor.update(plaintext) +
encryptor.finalize()
    # GCM 模式下可从 encryptor.tag 获取认证标签
    return nonce, ciphertext, encryptor.tag

def aes_gcm_decrypt(key, nonce, ciphertext, tag,
associated_data=None):
    decryptor = Cipher(
        algorithms.AES(key),
        modes.GCM(nonce, tag),
        backend=default_backend()
    ).decryptor()

    if associated_data:
            decryptor.authenticate_additional_
data(associated_data)
```

```
    decrypted_text = decryptor.update(ciphertext)
+ decryptor.finalize()
    return decrypted_text

if __name__ == "__main__":
    # 256-bit key
    key = os.urandom(32)
    plaintext = b"Hello, AES-GCM encryption!"
    associated_data = b"header-data"

    nonce, ciphertext, tag = aes_gcm_encrypt(key,
plaintext, associated_data)
    print("Ciphertext:", ciphertext.hex())
    print("Tag:", tag.hex())

    decrypted = aes_gcm_decrypt(key, nonce,
ciphertext, tag, associated_data)
    print("Decrypted text:", decrypted)
```

关键点解析：

①使用 os.urandom(32) 生成了一个随机的 256-bit key，用来模拟生产环境中安全获取到的密钥。

② AES-GCM 提供机密性与完整性保护，但需携带 nonce、ciphertext 与 tag 一起存储或传输。

③如果有附加数据（associated_data），可一并进行认证（如网络包头信息）。

（2）非对称加密（RSA）。下面是使用 RSA 公私钥对实现加密解密的示例，主要展示其核心调用思路。

```python
# rsa_example.py
from cryptography.hazmat.primitives import serialization
from cryptography.hazmat.primitives.asymmetric import rsa, padding
from cryptography.hazmat.primitives import hashes

def generate_rsa_key_pair():
    private_key = rsa.generate_private_key(
        public_exponent=65537,
        key_size=2048
    )
    public_key = private_key.public_key()
    return private_key, public_key

def rsa_encrypt(public_key, message):
    ciphertext = public_key.encrypt(
        message,
        padding.OAEP(
            mgf=padding.MGF1(algorithm=hashes.SHA256()),
            algorithm=hashes.SHA256(),
            label=None
```

```
            )
        )
        return ciphertext


def rsa_decrypt(private_key, ciphertext):
    plaintext = private_key.decrypt(
        ciphertext,
        padding.OAEP(
                mgf=padding.MGF1(algorithm=hashes.
SHA256()),
            algorithm=hashes.SHA256(),
            label=None
        )
    )
    return plaintext


if __name__ == "__main__":
    private_key, public_key = generate_rsa_key_
pair()

    msg = b"Hello, RSA encryption!"
    encrypted = rsa_encrypt(public_key, msg)
    print("Ciphertext:", encrypted.hex())

    decrypted = rsa_decrypt(private_key,
encrypted)
    print("Decrypted message:", decrypted)
```

关键点解析：

①使用 OAEP 作为填充方案可提高安全性。

② RSA 只加密较小块数据，大文件应采用混合加密，即用 RSA 加密 AES 密钥，再用 AES 加密大数据。

2.Java Bouncy Castle **库**

下面是一个 Java 使用 Bouncy Castle 的示例（JCE 标准库同样可以实现），展示了使用 AES-CBC 模式进行加密和解密的过程。

```java
// AESCBCExample.java
import org.bouncycastle.jce.provider.
BouncyCastleProvider;

import javax.crypto.Cipher;
import javax.crypto.KeyGenerator;
import javax.crypto.spec.IvParameterSpec;
import java.security.Key;
import java.security.Security;
import java.security.SecureRandom;

public class AESCBCExample {
    public static void main(String[] args) throws
Exception {
        Security.addProvider(new Bouncy-
CastleProvider());

        // 生成AES密钥
```

```
        KeyGenerator keyGen = KeyGenerator.
getInstance("AES", "BC");
        keyGen.init(256, new SecureRandom());
        Key key = keyGen.generateKey();

        // 随机生成 IV
        byte[] iv = new byte[16];
        new SecureRandom().nextBytes(iv);

        Cipher cipher = Cipher.getInstance("AES/
CBC/PKCS7Padding", "BC");

        // 加密
        cipher.init(Cipher.ENCRYPT_MODE, key, new
IvParameterSpec(iv));
        byte[] plaintext = "Hello, AES-CBC from
Bouncy Castle!".getBytes();
        byte[] ciphertext = cipher.
doFinal(plaintext);

        // 解密
        cipher.init(Cipher.DECRYPT_MODE, key, new
IvParameterSpec(iv));
        byte[] decrypted = cipher.
doFinal(ciphertext);

        System.out.println("Ciphertext (hex): " +
```

```
bytesToHex(ciphertext));
        System.out.println("Decrypted: " + new
String(decrypted));
    }


    private static String bytesToHex(byte[] bytes) {
        StringBuilder sb = new StringBuilder();
        for(byte b: bytes) {
            sb.append(String.format("%02x", b));
        }
        return sb.toString();
    }
}
```

关键点解析：

① Bouncy Castle 提供了丰富的算法和填充模式支持，本示例主要展示 AES-CBC+PKCS7 这种模式；

②生产环境最好选择带有认证功能的模式（如 AES-GCM 或 AES-CCM）替代纯 CBC。

③ KeyGenerator、SecureRandom 在使用 Bouncy Castle 库生成密钥和安全随机数时，需明确算法强度，如 256-bit，以保证加密过程的安全性和可靠性。

4.1.4　与云密钥管理服务的对接示例

1.AWS KMS *加密解密* API *调用*

下面使用 AWS SDK for Python（boto3）来演示如何调用 AWS KMS 进行数据加密与解密。示例场景如下：先由 KMS 生成一个数据密钥，对该数据密钥进行客户端侧的 AES 加密操作，然后将加密后的 data_key 存储于本地，后续需要解密时，再调用 KMS 解密得到明文 data_key，进而解密数据。

```python
# aws_kms_example.py
import boto3
import base64

KMS_KEY_ID = "arn:aws:kms:us-east-1:1234567890:key/xxxx-xxxx-xxxx"

def generate_data_key():
    kms_client = boto3.client('kms', region_name='us-east-1')
    response = kms_client.generate_data_key(
        KeyId=KMS_KEY_ID,
        KeySpec='AES_256'
    )
    # 明文 data_key
    plaintext_key = response['Plaintext']
    # 被 KMS 加密后的 data_key
    ciphertext_key = response['CiphertextBlob']
    return plaintext_key, ciphertext_key

def decrypt_data_key(ciphertext_blob):
    kms_client = boto3.client('kms', region_
```

```
name='us-east-1')
    response = kms_client.decrypt(
        CiphertextBlob=ciphertext_blob
    )
    return response['Plaintext']


if __name__ == "__main__":
    pt_key, ct_key = generate_data_key()
     print("Plaintext key (base64):", base64.
b64encode(pt_key).decode())
     print("Ciphertext key (base64):", base64.
b64encode(ct_key).decode())

    # 使用 pt_key 执行 AES 加解密（略）
    # 将 ct_key 存储于安全位置

    # 需要解密时
    recovered_key = decrypt_data_key(ct_key)
    assert recovered_key == pt_key
    print("Recovered key matches original key!")
```

关键点解析：

（1）generate_data_key 返回的 Plaintext 是明文数据密钥，因此在客户端内存中临时使用后必须立即清除或保护。

（2）同时返回的 CiphertextBlob 是被 KMS 保护的数据密钥，后续可存储在数据库或对象存储里，无须担心泄露。

（3）AWS KMS 支持直接通过 encrypt/decrypt 接口对小块数据进行操

作，但在大多数场景下会使用"Envelope Encryption"的方式来保护大文件或大量数据。

2.Azure Key Vault CLI *脚本示例*

下面以 Azure CLI 命令行的形式演示如何把一个本地字符串加密后存储，并使用 Key Vault 中的密钥进行解密。用户可以在脚本中调用这些 CLI 命令，按照相似的思路在 Python、JS、Java 中使用 SDK，也能实现该功能。

```bash
bash
# 1.登录到 Azure
az login


# 2. 创建或使用现有 Key Vault
az keyvault create --name MyKeyVaultName
--resource-group MyResourceGroup --location eastus


# 3. 创建或导入一个 Key(RSA for example)
az keyvault key create --name MyRSAKey --vault-name
MyKeyVaultName --kty RSA --size 2048


# 4. 加密
PLAINTEXT="Hello from Azure Key Vault"
ENC_RESULT=$(az keyvault encrypt \
  --name MyRSAKey \
  --vault-name MyKeyVaultName \
  --algorithm RSA-OAEP \
  --value "$PLAINTEXT" \
```

```
--query result -o tsv)

echo "Encrypted base64: $ENC_RESULT"

# 5. 解密
DEC_RESULT=$(az keyvault decrypt \
  --name MyRSAKey \
  --vault-name MyKeyVaultName \
  --algorithm RSA-OAEP \
  --value "$ENC_RESULT" \
  --query result -o tsv)

echo "Decrypted text: $DEC_RESULT"
```

关键点解析：

（1）az keyvault encrypt/decrypt 命令会调用 Key Vault 的 RSA 密钥进行加解密，返回 Base64 形式的结果。

（2）示例所展示的方法只适合对小块数据或对称密钥进行加密，如果是大文件，需要使用 Envelope Encryption 模式。

（3）在生产中，可编写脚本（如 Bash、PowerShell 等）或调用 Azure SDK（如 Python、.NET、Java 等）实现对 Key Vault 密钥的自动化管理与调用。

3.HashiCorp Vault API/CLI 示例

HashiCorp Vault 提供多种接口，此处演示的是较常用的 KV Secrets Engine 与 Transit Secrets Engine 示例。

（1）KV Secrets Engine。首先，把配置或密钥存储到 Vault 的 KV 路径，并读取出来。

```bash
bash
# 假设 Vault 已启动, 并且 VAULT_ADDR/VAULT_TOKEN 已在
环境变量中
vault kv put secret/db_password value="MyS3cr3tP@ss"
vault kv get secret/db_password
```

其次, 可以使用 Vault 的 HTTP API 或官方 SDK(如 Python/Go/Java 等)实现在应用内读取, 下面是 Python requests 的示例。

```python
python
import requests
import os

vault_addr = os.getenv("VAULT_ADDR")
vault_token = os.getenv("VAULT_TOKEN")

resp = requests.get(f"{vault_addr}/v1/secret/data/
db_password",
                            headers={"X-Vault-Token":
vault_token})
print("Vault response:", resp.json())
```

（2）Transit Secrets Engine。Transit 提供 "加密即服务" 功能, 应用仅需将明文请求发送给 Vault, Vault 就可以在安全位置执行加密并返回密文, 以下示例将使用 CLI 来实现这一过程。

```bash
bash
# 启用 transit 引擎
vault secrets enable transit
```

```
# 创建一个加密密钥名称
vault write -f transit/keys/myapp_key

# 加密
PLAINTEXT="Hello, Vault Transit!"
ENC_DATA=$(echo -n "$PLAINTEXT" | base64)
vault write transit/encrypt/myapp_key
plaintext="$ENC_DATA"

# 结果将包含 ciphertext，例如 "vault:v1:XwE6..."
# 解密
vault write transit/decrypt/myapp_key
ciphertext="vault:v1:XwE6..."
```

关键点解析：

①Vault transit 引擎不直接存储密文，只负责对明文进行加密，并将结果返回给客户端。

②客户端无须暴露主密钥，只与 Vault 交互即可完成相关操作。

③将 Vault 的策略和 ACL 结合起来，可以对使用 encrypt 或 decrypt 权限进行精细化管理。

4.2　数据安全保护机制

4.2.1　静态数据安全保护

数据静止状态是指数据存储于磁盘、文件系统或数据库中的状态。如果缺乏有效的防护措施，静态数据极易遭受非授权访问或物理盗取等安全威胁。针对静态数据的安全保护，应从加密、访问控制以及离线化管理等多方面入手，形成多层次、立体化的防护体系。

1. 存储加密方案与加密文件系统

在云计算与分布式环境下，存储加密方案已成为企业和组织保护敏感信息的首要手段之一。根据加密范围的差异，常见的解决方案可分为全盘加密、卷级加密和文件级加密。全盘加密通过在磁盘驱动器层面实施加密来保护整块存储介质，能够显著降低因设备丢失或物理盗窃而导致的数据泄露风险。但如果是在多租户云环境下，全盘加密需要与虚拟化层或云平台 API 进行适配与集成。

相较之下，加密文件系统则在操作系统或文件系统层对各文件或目录进行独立加密，即能在同一存储卷中对不同敏感度的文件采取针对性加密策略。以企业常用的 Linux 加密文件系统、Windows 加密文件系统或第三方专业加密文件系统方案为例，其优势在于可结合 ACL 与权限策略，进一步实现基于身份或角色的细粒度管控。对于需要严格监管合规的场景，企业可选择支持国密算法（如 SM4）的加密文件系统，并与审计日志系统或安全信息和事件管理平台联动，以全面掌握加密文件的访问情况。

在实际部署时，一方面要兼顾系统性能与可用性，避免因加解密操作给业务带来明显的延迟；另一方面要建立科学的密钥管理机制，确保加密密钥的分发、轮换和销毁过程符合内部安全策略与监管规定。如果涉及跨地域或跨云的分布式文件存储体系，则应合理规划各节点的密钥同步与证书授权流程，并在网络层面强化传输加密与访问审计。

2. 数据离线存储与归档策略

数据离线存储与归档策略面向的是长期数据保留方面的需求，将部分业务数据从在线环境转移至离线介质（如磁带库、光盘或离线硬盘）或归档系统，可有效降低被网络攻击或勒索软件威胁的风险，同时能节约高性能存储的成本。

在制订离线存储与归档策略时需综合考虑数据生命周期、访问频率和合规性要求。对于核心交易数据、财务凭证或个人敏感信息等，需制定明确的留存期限与保管规则，并结合定期审计和安全扫描确保数据的完整性与可恢复性。对于机密级别高、更新频率低以及法律合规规定需长期保存的数据，可采用"冷热数据分离"模式，即将较新的数据保存在在线存储中便于查询，历史数据则迁移到离线库或近线存储介质中，并严格控制恢复或调用权限。

对离线存储介质的安全防护同样不可忽视。数据下线前应进行加密，并妥善保存加密密钥或访问凭证；通过物理安全措施（如防火柜、RFID标签等）降低人为误用或自然灾害造成数据丢失的风险；此外，还需确保离线存储设备在出现硬件损坏或寿命到期时得到安全销毁或彻底擦除，以避免潜在的数据泄露风险。

4.2.2　动态数据安全保护

相较于静态数据的安全防护，当数据在网络中流转或进行读写操作时所面临的安全威胁更为复杂。为了防范中间人攻击、窃听与越权访问等风险，动态数据安全保护应综合运用传输加密、访问控制与实时监控等手段，从网络层与应用层强化防护。

1. 数据传输加密协议

在云计算环境下，数据往往跨越多个节点、集群甚至跨地域传输，如果缺乏可靠的加密协议，很容易成为网络攻击或非法监听的目标。SSL与TLS是目前应用较广泛的数据传输加密协议，主要优势如下。

（1）数据机密性与完整性。SSL/TLS通过对称与非对称加密相结合的方式，为数据传输提供机密性保障，并利用消息摘要与强制访问控制（Message Authentication Code, MAC）等技术实现数据完整性校验。在实际部署时，建议使用最新版本的TLS，并选择符合合规要求且安全强度较高的加密套件。

（2）身份认证与防中间人攻击。在SSL/TLS握手阶段，服务器会向客户端提供数字证书以证明其身份的合法性，客户端可通过可信认证中心对证书进行校验，从而减少中间人攻击和假冒网站的风险。对于敏感性更高的应用场景，亦可采用双向TLS认证机制，由客户端提供证书以增强身份验证的可靠性。

（3）性能与可扩展性考量。加密与解密会增加系统开销，高并发场景下尤为明显。为了兼顾安全与效率，可采用负载均衡或硬件加速，如TLS加速卡、HSM等手段，或在混合云环境中对敏感数据传输与非敏感数据传输采用分级加密策略，从而平衡性能与安全需求。

在实际操作中，还需注意及时更新证书、淘汰弱口令与不安全的协议版本，不断强化传输层安全防护。如果能借助自动化运维工具或证书管理系统，还可以有效避免证书过期导致的安全漏洞或业务中断。

2. 数据访问权限控制与实时监控

即使在通信层面实现了安全传输，若后端访问权限设置不当或缺乏实时监控，攻击者仍能通过应用层漏洞或内部人员越权操作获取敏感信息。因此，数据访问权限控制和监控预警体系同样是动态数据安全保护的关键。

（1）基于角色与属性的访问控制。结合基于角色的访问控制（Role-based Access Control, RBAC）或基于属性的访问控制（Attribute-based Access Control, ABAC）模型为用户或服务分配权限，可以在云环境中实现更细粒度的资源管控。针对不同分工或不同服务实例，需根据业务需求明确授权范围和操作权限（如读、写、修改、删除等）。在关键操作或对敏感数据的访问环节，应启用 MFA，以减少凭证泄露带来的风险。

（2）实时监控与日志审计。动态安全防护离不开持续的检测与预警机制，对此，运维人员可通过在云环境中部署 IDS/IPS、防火墙或应用级日志分析组件，监测可疑流量、异常访问行为或潜在攻击动作。对于数据库访问与应用操作，需启用实时日志记录，并将日志导入安全信息和事件管理平台，借助大数据分析与机器学习算法快速识别异常事件与潜在威胁。

（3）威胁情报与自动化响应。在云端环境中，安全事件会发生得更迅速、更隐蔽，将威胁情报服务和自动化响应手段结合起来，能显著缩短从威胁检测到阻断的时间。例如，只要系统检测到非授权 IP 频繁试探数据库端口或发现 API 调用量异常飙升，就可自动触发安全策略进行阻断或发出告警，避免进一步的潜在数据泄露或篡改。

通过安全的传输协议保障数据在网络中的机密性与完整性，并辅以严谨的访问控制与实时监控机制，能够显著降低动态数据遭受攻击的风险。在此基础上，企业和组织还需结合自身业务特性和云环境架构，持续优化安全策略，常态化开展演练和评估，这样才能在瞬息万变的网络空间中稳固守护数据安全。

下面的示例将重点展示数据传输加密（SSL/TLS 配置、强制 HTTPS）以及实时监控 / 安全代理（在 Nginx/Apache 上配置 ModSecurity）的基本操作。示例以 Nginx/Apache 配置和部分 Shell 操作为主。

4.2.3 数据传输加密示例

1. 在 Nginx 上配置 SSL/TLS

（1）生成自签名证书。在正式生产环境中，为了避免浏览器出现不信任告警，通常会使用认证中心颁发的证书，或通过 Let's Encrypt 等自动化证书服务获取此类证书。

```bash
bash
# 生成服务器私钥
openssl genrsa -out server.key 2048

# 生成自签名证书（有效期 365 天）
openssl req -new -x509 -key server.key -out
server.crt -days 365 \
  -subj "/C=US/ST=NewYork/L=NYC/O=MyOrg/OU=DevOps/
CN=example.com"
```

（2）Nginx HTTPS 配置示例：

```nginx
nginx
# /etc/nginx/conf.d/ssl.conf
server {
    listen 443 ssl;
    server_name example.com;
```

```
ssl_certificate     /etc/nginx/ssl/server.crt;
ssl_certificate_key /etc/nginx/ssl/server.key;

# 推荐使用更安全的协议和加密套件
ssl_protocols       TLSv1.2 TLSv1.3;
ssl_ciphers         HIGH:!aNULL:!MD5;

location / {
    root /var/www/html;
    index index.html index.htm;
}
}

# 强制 HTTP=>HTTPS 跳转
server {
    listen 80;
    server_name example.com;
    return 301 https://$host$request_uri;
}
```

关键点解析:

① ssl_certificate 与 ssl_certificate_key 指令需指向之前生成或获取的证书、私钥。

② 使用 listen 443 ssl 配置指定服务器监听 443 端口,以用于 HTTPS通信。

③ 通过 return 301 https://$host$request_uri,将所有 HTTP 请求强制跳转到 HTTPS。

④对于 ssl_protocols 与 ssl_ciphers，应尽量选择高强度加密算法，同时禁用旧版 SSL 或弱密码套件。

2. 在 Apache 上配置 HTTPS 强制跳转

（1）Apache 虚拟主机配置示例：

```apache
<VirtualHost *:443>
    ServerName example.com
    DocumentRoot /var/www/html

    SSLEngine on
     SSLCertificateFile      /etc/ssl/certs/server.
crt
     SSLCertificateKeyFile /etc/ssl/private/server.
key

    # 支持更高版本 TLS
    SSLProtocol all -SSLv2 -SSLv3
    SSLCipherSuite HIGH:!aNULL:!MD5

    <Directory "/var/www/html">
        AllowOverride All
        Require all granted
    </Directory>
</VirtualHost>
```

（2）启用 mod_rewrite 实现 HTTP=>HTTPS：

```
apache
<VirtualHost *:80>
    ServerName example.com
    RewriteEngine On
    RewriteCond %{HTTPS} off
    RewriteRule ^(.*)$ https://%{HTTP_
HOST}%{REQUEST_URI} [L,R=301]
</VirtualHost>
```

要在 Apache 服务器上实现某些与安全和网址跳转相关的功能，需要确保 mod_ssl、mod_rewrite 等模块正确启用，同时主配置文件（如 /etc/httpd/conf/httpd.conf 或 /etc/apache2/apache2.conf）里也应加载与 SSL 相关的配置。

4.2.4　利用日志系统或安全代理进行实时监测

1. 在 Nginx 上使用 ModSecurity

ModSecurity 是一个开源的 Web 应用防火墙模块，可对 HTTP 流量进行实时监测与拦截。下面展示如何在 Nginx 中编译加载 ModSecurity，以及如何使用其核心规则集（OWASP CRS）。

（1）安装与配置：

```
bash
# 安装 ModSecurity( 版本随系统不同而略有差异 )
sudo apt-get update
sudo apt-get install libapache2-mod-security2
# Ubuntu 下自带 Apache mod，但也包含 Core Rules

# 对于 Nginx，需要下载 modsecurity 源代码并编译 --with-
```

```
modsecurity
# 或者安装某些预打包的 Nginx+ModSecurity

# 复制 OWASP CRS 规则 (Core Rule Set) 到 /etc/
modsecurity/crs/
git clone https://github.com/coreruleset/
coreruleset.git
cp coreruleset/crs-setup.conf.example /etc/
modsecurity/crs/crs-setup.conf
cp coreruleset/rules/*.conf /etc/modsecurity/crs/
rules/
```

（2）Nginx 配置段：

```nginx
# /etc/nginx/conf.d/modsec.conf

# 指定 modsecurity.conf 路径
# 其中包含 "Include /etc/modsecurity/crs/crs-setup.
conf" 等
modsecurity on;
modsecurity_rules_file /etc/modsecurity/
modsecurity.conf;

server {
    listen 443 ssl;
    server_name example.com;
```

```
ssl_certificate      /etc/nginx/ssl/server.crt;
ssl_certificate_key /etc/nginx/ssl/server.key;


location / {
    # 在此处启用 WAF
    ModSecurityEnabled on;
     ModSecurityConfig /etc/nginx/modsec/main.
conf;
    # main.conf 中再 include CRS 和其他规则
    proxy_pass http://127.0.0.1:8080;
   }
}
```

其中，main.conf 可能包含的内容如下：

```bash
bash
Include /etc/modsecurity/modsecurity.conf
Include /etc/modsecurity/crs/crs-setup.conf
Include /etc/modsecurity/crs/rules/*.conf
```

关键点解析：

①通过 modsecurity on 和 ModSecurityEnabled on 指令打开 ModSecurity 引擎。

②使用 modsecurity_rules_file 或 ModSecurityConfig 指令指定 ModSecurity 主配置 / 规则文件。

③部署完成后，ModSecurity 会对请求进行实时扫描，若检测到 SQL 注入、XSS 等攻击行为，它将阻断攻击并记录在日志中。

2. 在 Apache 上启用 ModSecurity

在 Apache 中，ModSecurity 模块更常见的形式为 mod_security2 形式，示例配置如下：

```apache
# /etc/apache2/mods-enabled/security2.conf
<IfModule security2_module>
    SecRuleEngine On
    SecRequestBodyAccess On
    SecResponseBodyAccess Off

    # 指定日志文件
    SecAuditLog /var/log/apache2/modsec_audit.log

    # 加载核心规则集
    IncludeOptional /etc/modsecurity/crs/crs-setup.conf
    IncludeOptional /etc/modsecurity/crs/rules/*.conf
</IfModule>
```

在虚拟主机配置中，可针对特定的 VirtualHost 启用 ModSecurity，或者在全局 httpd.conf 中启用，具体选择取决于站点架构与运维策略。

4.3 云数据安全保护技术

4.3.1 共享存储与对象存储安全

随着云计算架构的不断演进，共享存储和对象存储成为海量数据存取的主要方式。共享存储多应用于集群环境或虚拟化平台，允许多个虚拟机或容器访问同一存储卷；对象存储则以"对象"形式管理数据并通过 RESTful API 进行访问，在云原生应用与大数据场景中越发普及。由于共享存储与对象存储面向的是多租户、多区域及跨平台的应用需求，安全问题也更加复杂，因此需要从访问控制、加密机制及多区域冗余等维度全面加强防护。

1. 对象存储的访问控制与 ACL 设置

对象存储虽然为各类云应用提供了高度灵活的存储方式，但也带来了潜在的访问风险。如果缺乏完善的权限策略或 ACL 管理，攻击者或非授权用户就可以通过公开的 API 或错误配置的权限对存储桶及对象进行非法访问，从而导致数据泄露或篡改。

在设计访问控制与 ACL 策略时，需要根据业务需求和数据敏感度进行分级管理。一般情况下，针对不同租户、用户组或角色，应逐级限定其对存储桶及对象的操作权限，如读取、写入、删除和列举等，还要结合云服务商提供的服务端加密、临时访问令牌及 IAM 策略，进一步加强对关键资源的保护。在实际部署中，可配合日志审计与报警机制，实现对 ACL 变更、API 调用及异常访问行为的实时监控。对于监管与合规性要求较高的行业，建议启用双因素或多因素认证，并定期审计与更新访问策略。

2. 分片加密与跨区域冗余

随着对象存储规模的扩大，单一密钥加密或集中式存储模式难以应对高并发访问和潜在的数据泄露风险。为了在云环境中实现更可靠的安全性与可用性，分片加密和跨区域冗余逐渐成为主流的应对策略。

（1）分片加密。分片加密方案将大对象或文件先拆分为若干数据块，再分别使用不同密钥或加密策略对各数据块进行加密。这样即使某一分片在传输或存储过程中意外泄露，也难以被直接复原成完整明文，从而提高了安全性。分片加密可结合 KMS 或 HSM 进行分布式管理，减少单点故障对系统的影响。

在实际应用中，企业需权衡分片加密带来的额外复杂度、网络带宽消耗、性能开销与可获得的安全收益之间的关系，并结合数据敏感度、访问频率和合规需求决定采用何种加密方案，完善密钥同步、生命周期管理和容灾恢复等运维机制。

（2）跨区域冗余。对象存储在云平台下支持多区域、多可用区的部署模型，跨区域冗余能显著提升系统的可用性与容灾能力。将数据副本分散存储在不同的地理位置，可有效防范因机房故障、自然灾害或区域性网络中断而导致的数据不可用或丢失等安全风险。

为了兼顾安全与性能，需要为跨区域数据传输配置安全协议（如TLS），并结合访问控制策略对目标区域进行权限限制。应对存储在不同区域的对象副本执行一致性校验与版本管理，确保在主节点或某一个副本出现故障后，系统能自动切换至其他可用节点，并保持数据的一致性。

4.3.2 大规模分布式存储系统安全

分布式文件系统和非关系型数据库（not only SQL, NoSQL）是目前企业处理海量非结构化或半结构化数据的常用选择，它们通过分片、复制和并行处理等技术手段，实现了横向扩展和高效的数据存取。这些分布式系统常部署在多节点、多区域乃至跨云环境中，如果缺乏完善的身份认证、访问控制与审计机制，便可能遭遇恶意入侵、越权访问或数据泄露等重大安全风险。

1.分布式文件系统与 NoSQL 安全

在大规模分布式场景下，分布式文件系统与 NoSQL 面临着以下安全挑战：

（1）身份验证与通信加密。分布式文件系统与 NoSQL 节点之间经常需要数据同步和状态更新，若通信过程使用明文传输或弱认证机制，极易被中间人攻击或流量嗅探器利用。对此，可启用 Kerberos、SSL/TLS 等机制进行双向认证，并对数据流加密，降低潜在的网络威胁。

（2）内部节点可信度。传统的集中式数据库往往处于相对封闭的网络环境，分布式存储系统因节点数量多、部署范围广，更易遭受内部威胁，这些威胁可能源于内部节点不可信或是节点被攻陷。因此，需从节点访问策略、日志审计和异常检测等多方面着手，确保单点失陷不会破坏整个集群的数据完整性和安全性。

（3）多租户与资源隔离。在云环境下，多个业务部门或租户会共享分布式存储集群，若隔离机制不完善，可能会出现敏感数据的误读或访问信息混淆等问题。将虚拟化和容器技术结合起来，或采用子集群划分与策略隔离的方式，能强化不同租户间的安全界限。

2.ACL 与角色权限设置

有效的访问控制策略能显著降低分布式文件系统和 NoSQL 被不当访问的风险。ACL 与角色权限设置相互配合，能为数据访问与管理操作提供细粒度的安全管控。

（1）ACL 的设计与维护。分布式文件系统和 NoSQL 通常具备 ACL 功能，用于定义用户或用户组对文件、目录或表的权限。因此，应结合实际业务角色与安全需求，为不同数据分区或关键文件夹配置恰当的访问规则。对于敏感或合规性要求高的数据，需从最小权限原则出发，对默认访问权限进行严格限制，并通过审计日志对 ACL 变更进行记录与追溯。

（2）角色权限与分级授权。将用户或服务分为不同角色，并赋予各角色相应的权限集合，可在集群层面实现更清晰的访问控制。典型场景包括按部门或按项目对角色进行区分，各角色拥有针对各自数据与应用的访问和操作权限，从而避免角色越权或权限膨胀。

在大规模分布式环境下，还可结合 ABAC 模型或基于上下文的访问控制（Context-based Access Control, CBAC）模型，实现更灵活的权限管理。当角色访问请求发生在不同区域、不同时段或不同网络环境中时，触发更严格的验证或二次审核，可以减少内部人员越权或外部攻击者渗透的风险。

4.3.3　对象存储的访问控制示例

对象存储通过 Bucket Policy、ACL、SAS Token 等方式对存储资源进行粒度化的访问管控，在 AWS S3、Azure Blob Storage、MinIO 等系统中都有类似的概念与操作方法，可使用命令行或 SDK/APIs 对其进行编程化管理。

1.AWS S3

（1）使用 AWS CLI 设置 Bucket Policy。假设有一个名为 my-secure-bucket 的 S3 存储桶，下面的示例将通过 AWS CLI 命令来配置只允许来自特定 IP 地址段访问该存储桶的策略。

policy.json：

```json
{
  "Version": "2012-10-17",
```

```
    "Statement": [
      {
        "Sid": "AllowGetObjectFromSpecificIP",
        "Effect": "Allow",
        "Principal": "*",
        "Action": "s3:GetObject",
        "Resource": "arn:aws:s3:::my-secure-
bucket/*",
        "Condition": {
          "IpAddress": {
            "aws:SourceIp": "203.0.113.0/24"
          }
        }
      }
    ]
}
```

上述策略仅允许 203.0.113.0/24 地址段内的客户端对该 Bucket 对象
发起 GetObject 请求。

CLI 命令：

```
bash
# 推送 Bucket Policy 到 S3
aws s3api put-bucket-policy \
  --bucket my-secure-bucket \
  --policy file://policy.json

# 查看当前 Bucket Policy
```

```
aws s3api get-bucket-policy \
  --bucket my-secure-bucket
```

当策略生效后，只有符合该 IP 范围的请求才能对 my-secure-bucket
的对象执行读取操作。

（2）使用 Python Boto3 设置对象 ACL：

```python
python
import boto3

s3_client = boto3.client('s3')

bucket_name = 'my-secure-bucket'
object_key  = 'test-object.txt'

# 设置对象级别 ACL，如私有 (private)、公共读 (public-
read) 等
s3_client.put_object_acl(
    Bucket=bucket_name,
    Key=object_key,
    ACL='private'
)

# 获取 ACL
response = s3_client.get_object_acl(
    Bucket=bucket_name,
    Key=object_key
```

```
)
print("Current Grants:", response['Grants'])
```

这里实现的是通过程序操作对象的 ACL，将其设置为完全私有或仅公共只读等权限。在实际生产环境中，更推荐采用私有策略，配合签名 URL 或临时凭证来进行对象访问。

2.Azure Blob Storage

（1）使用 Azure CLI 设置容器访问策略。创建存储账户和容器：

```bash
# 登录 Azure
az login

# 创建资源组
az group create --name MyResourceGroup --location
eastus

# 创建存储账户
az storage account create \
  --resource-group MyResourceGroup \
  --name mystorageacc123 \
  --location eastus \
  --sku Standard_LRS

# 创建容器
az storage container create \
  --name secure-container \
  --account-name mystorageacc123
```

设置容器访问级别：

```bash
# 仅允许私有访问
az storage container set-permission \
  --name secure-container \
  --account-name mystorageacc123 \
  --public-access off
```

生成 SAS Token：

```bash
az storage container generate-sas \
  --name secure-container \
  --account-name mystorageacc123 \
  --permissions r \
  --expiry 2024-12-31 \
  --output tsv
```

返回的 SAS token 可附加在 Blob URL 中实现受限的只读访问。

（2）使用 Python SDK 设置 Blob 访问策略：

```python
from azure.storage.blob import BlobServiceClient,
ContainerSasPermissions, generate_container_sas
from datetime import datetime, timedelta

conn_str = "DefaultEndpointsProtocol=https;Account
Name=mystorageacc123;AccountKey=xxx;EndpointSuffix=
```

```
core.windows.net"
container_name = "secure-container"

blob_service_client = BlobServiceClient.from_
connection_string(conn_str)
container_client = blob_service_client.get_
container_client(container_name)

# 设置容器私有
container_client.set_container_access_
policy(signed_identifiers=None, public_access=None)

# 生成仅限读权限的 SAS
sas_token = generate_container_sas(
    account_name="mystorageacc123",
    container_name=container_name,
    account_key="xxx",
    permission=ContainerSasPermissions(read=True),
    expiry=datetime.utcnow() + timedelta(days=1)
)

print("SAS Token:", sas_token)
```

3.MinIO

MinIO 是兼容 S3 接口的对象存储，可部署在私有云或边缘环境中。通常使用 mc（MinIO Client）命令行工具来管理 Bucket、Policy。

```bash
```

```
# 配置 MinIO Client 别名
mc alias set myminio http://127.0.0.1:9000
ACCESSKEY SECRETKEY

# 创建 Bucket
mc mb myminio/my-secure-bucket

# 设置 Bucket 策略为 Private
mc policy set none myminio/my-secure-bucket

# 若要为匿名用户开启只读
mc policy set download myminio/my-secure-bucket

# 查看当前 Bucket 政策
mc policy list myminio/my-secure-bucket
```

MinIO 也支持自定义 Policy JSON，这一点类似 AWS S3 的 Bucket Policy，也可创建用户组，赋予不同权限策略。

4.3.4 分布式存储 /NoSQL 安全配置示例

HDFS 使用类 UNIX 权限体系，支持可选的 Kerberos 认证，结合 Hadoop Ranger 等工具，能实现更高级的访问审计。MongoDB、Cassandra 等数据库本身提供了用户、角色、权限的管理机制，需要根据业务需求进行细粒度授权，并开启必要的认证开关。

1.HDFS 示例

在 HDFS 中，访问控制基于 Unix 风格的用户、组与权限，以及可选的 Kerberos 认证来增强安全性。以下示例将展示如何创建目录并设置权限。

```bash
bash
# 创建 HDFS 目录
hdfs dfs -mkdir /secure-data

# 设置所有者和组
hdfs dfs -chown alice:analytics /secure-data

# 仅所有者可读写，组只读，其他用户无权访问
hdfs dfs -chmod 740 /secure-data

# 列出目录信息
hdfs dfs -ls /secure-data
```

若启用了 Kerberos，则需先通过 kinit 获取 TGT（Ticket-Granting Ticket），HDFS 会将请求认证与当前 Kerberos 用户身份对应起来，从而应用相应的权限策略。

2.MongoDB 简易安全配置脚本

（1）启用用户授权。MongoDB 默认允许无密码访问，生产环境需启用 auth 并添加管理员用户。例如，在 mongod.conf 中：

```yaml
yaml
security:
  authorization: enabled
```

重启 mongod，使用以下脚本或命令创建用户。

```js
js
```

```
// create_admin_user.js
use admin;

// 创建管理用户
db.createUser({
  user: "siteAdmin",
  pwd: "MySecurePass123",
   roles: [{ role: "userAdminAnyDatabase", db:
"admin" }]
});

// 在终端中执行:
// mongo < create_admin_user.js

// 重新连接后
db.auth("siteAdmin", "MySecurePass123");
```

（2）为特定数据库创建专用用户：

```js
// create_app_user.js
use myappdb;

// 为应用创建读写用户
db.createUser({
  user: "appUser",
  pwd: "AppPass456",
  roles: [
```

```
    { role: "readWrite", db: "myappdb" }
  ]
});


// 配合 --authenticationDatabase=myappdb 来登录
/* mongo -u appUser -p AppPass456
--authenticationDatabase myappdb */
```

这样就确保了只有持有 appUser 凭证的客户端才能对 myappdb 进行读写操作，其他数据库不可访问。

3.Cassandra 用户角色示例

Apache Cassandra 用 RBAC 管理访问权限，下面通过 cqlsh 命令行创建用户并赋予权限。

```sql
-- 打开 cqlsh
CREATE ROLE IF NOT EXISTS super_admin WITH
PASSWORD = 'SuperSecret'
    AND SUPERUSER = true
    AND LOGIN = true;


-- 创建普通角色
CREATE ROLE IF NOT EXISTS app_role WITH PASSWORD
= 'AppSecret'
    AND LOGIN = true
    AND SUPERUSER = false;


-- 为 app_role 分配对 keyspace "app_data" 的读写权限
```

```
GRANT MODIFY ON KEYSPACE app_data TO app_role;
GRANT SELECT ON KEYSPACE app_data TO app_role;
```

在实际场景中可以对表、函数等更细粒度的资源授予权限，并在 client 端连接时指定用户名和密码，以遵循最小权限原则。

第5章　身份认证与访问控制技术的应用策略

5.1　多因素身份认证的应用

5.1.1　多因素身份认证技术与优势

MFA通过使用多个不同类别的认证要素，为用户提供了更高的安全保障。根据认证要素的类型，常见的多因素形式包括密码、令牌、短信验证码以及生物特征识别等。

（1）密码。密码是最基础的认证要素，属于"用户知道的东西"。它易于部署和使用，但若不结合其他因素，其安全性往往依赖于密码强度与保密程度。一旦密码泄露或被猜测出来，攻击者即可轻易获得访问权限。

（2）令牌。令牌既可以是USB Key、智能卡这样的实体硬件令牌，也可以是手机App生成的一次性验证码这样的软令牌，它们统统归类于

"用户拥有的东西"。这类要素的优点在于难以被复用或伪造，但在实际应用中需规避令牌丢失、损坏或被复制的风险，同时要兼顾部署成本和运维管理。

（3）短信验证码。基于手机 SIM 卡身份标识的短信验证码（SMS OTP）是应用广泛的双因素认证方式。其优势在于部署简便、使用门槛低，用户仅需手机终端即可完成额外验证；缺点是存在通信网络劫持、伪基站攻击等潜在风险，且对手机号码归属与收发短信的稳定性有较高依赖。

（4）生物特征识别。指纹、人脸识别等生物特征识别属于"用户所具有的特征"。指纹识别、人脸识别或虹膜扫描等技术在安全性和便捷性方面具有显著优势，很难被复制或伪造。但因涉及个人生物特征数据，其隐私合规要求更为严格，一旦此类数据泄露或被滥用，将引发不可逆的安全和法律风险。

MFA 能够有效抵御因密码泄露或令牌丢失而导致的风险，在安全性方面远超单一因素认证，但在实际场景中选择何种认证组合需要平衡安全性、成本和用户体验这几方面的因素。

还有一点需要注意的是，过于复杂或频繁的认证流程会导致用户产生抵触心理，反而会让安全意识下降，反过来过分追求便捷和低干扰又会削弱整体防护能力。为了实现二者的平衡，需要从以下几个方面进行权衡。

（1）认证频度与策略。根据业务场景和数据敏感度设定分级认证策略：对支付、访问核心数据等高风险操作强制启用 MFA；对低风险或常规操作采取简化流程或自适应认证模式，减轻用户的操作负担。

（2）智能化与自适应。利用风险评估和行为分析技术，在检测到异常登录环境或可疑操作时，动态触发更高级别的 MFA，既能保障安全性，又可以减少对正常用户的干扰。

（3）多样化认证选择。为用户提供多种认证方式，并允许用户在安全策略许可的范围内自由切换，这样既能提升灵活度，也能照顾到不同终端设备和使用场景的需求。

MFA 既可大幅提升账户与资源的安全性，又能在精心设计下兼顾用户体验和业务效率。云计算环境下，由于接入渠道和应用范围更加广泛，MFA 的部署也更需结合企业合规要求、业务特点以及用户偏好，在保证安全合规的前提下，为用户和管理者带来更加稳定、便捷的身份验证体验。

5.1.2 多因素身份认证在云计算中的部署

云计算环境下的身份认证与访问控制需要兼顾多租户、多地域以及跨平台应用的特点，传统的单点登录（Single Sign-on, SSO）机制或 API 安全方案如果没有与 MFA 有效结合，会难以满足对关键业务和敏感数据的高强度安全要求。为了提升整体防护能力，需要将 MFA 的优势融入云端的访问流程中，并充分考虑性能、可扩展性以及用户体验等因素。

1. 与 SSO 结合的解决方案

SSO 借助统一身份管理平台，使用户只需登录一次，便可访问多个系统或应用，极大地简化了分散式登录带来的重复认证问题，提升了用户体验。然而，若 SSO 仅依赖单一口令或令牌，一旦凭证泄露，就有被攻击者滥用的风险。将 MFA 与 SSO 相结合，可以在保证用户体验的同时加强认证安全性，具体可从以下几个方面着手。

（1）集中式身份管理与统一 MFA 策略。借助企业级或云端的身份管理系统，在 SSO 平台中引入 MFA 规则，当用户首次登录系统或访问高敏感度资源时，平台会自动触发手机一次性口令、指纹识别等多因素验证，确保账号的真实性。对于跨业务系统的访问，可根据资源敏感级别或风险评估动态调整 MFA 力度，实现效率与安全的平衡。

（2）自适应与分层认证。在 SSO 接入层内置自适应认证功能，结合用户位置、终端设备类型或登录时段等上下文信息开展风险判断。若在可信任网络或常用设备登录，可减少或跳过部分 MFA 环节；但若地理位置异常或设备指纹与历史记录不符，则立即提升认证级别，引入更严密的二次或多次验证，保障系统安全。

（3）统一日志与审计。将 MFA 触发、认证成功或失败等操作事件纳入 SSO 的集中日志系统，并与安全信息与事件管理平台对接。通过对异常登录频率、MFA 失败原因等指标的监测和分析，可及时定位潜在的安全风险点，为后续的策略优化或应急处理提供数据支撑。

2.API 访问场景下的 MFA 应用

在云计算和微服务架构盛行的时代，各类应用与服务之间需要通过 API 进行数据交互或功能调用。传统的 API 安全依赖 API Key 或基于 OAuth 2.0 的令牌机制，但在高安全需求场景下，有必要引入 MFA 机制进一步提升安全强度。以下是部署 MFA 到 API 访问场景的主要思路。

（1）在令牌签发流程中增加 MFA 校验。当客户端或用户请求获取 Access Token 或刷新令牌（Refresh Token）时，后台验证流程除了检查用户名、密码和 Client ID/Secret，还需验证用户是否通过了第二或更多因素的认证（如短信动态验证码、App 推送确认等）。令牌只有在多因素校验成功后才会被签发，并附带相应的有效时长和权限范围。

（2）细粒度的接口级权限控制。在 API 网关或服务治理框架层面，对关键接口或敏感数据接口设置更严格的访问策略。举例来说，对于常规数据查询接口可仅要求单因素认证令牌，而只要调用涉及交易操作、个人隐私数据或合规受限的领域，就必须在请求头或认证流程中检验多因素令牌标记。若未满足 MFA 校验要求，则拒绝访问或触发补充认证流程。

（3）无感知与用户体验优化。在 B2B 或服务器间交互场景下，MFA 需要与机器身份或服务器端证书结合起来，以自动化或批量化方式完成多因素校验，避免人工介入过多导致流程复杂。对于面向移动端或 Web 端的 API 调用，则可借助生物识别、移动 App 内置的"一键确认"等方式，让用户在操作关键功能时简易且快速地完成二次验证，既保证安全，又尽量减少用户烦扰。

5.1.3 自建后端中的多因素认证示例：以 TOTP 为例

以下示例使用 Node.js+Express 搭配 speakeasy（TOTP 生成 / 验证）和 qrcode（生成二维码）两个常见库，实现一个最简化的"双因子"流程：用户先使用用户名密码登录，随后在"绑定 MFA"时产生一个 TOTP 密钥二维码，用户用手机上安装的 TOTP 应用扫描后，每次登录都需输入动态验证码。主要依赖如下所示，后续会展示具体的代码实现步骤。

```bash
npm install express body-parser speakeasy qrcode
```

服务器端代码示例：

```js
// mfa-server.js
const express = require('express');
const bodyParser = require('body-parser');
const speakeasy = require('speakeasy');
const qrcode = require('qrcode');

const app = express();
app.use(bodyParser.json());

// 假设此处用内存变量存储用户 MFA 信息，生产环境应放入数据库
let userDB = {
```

```
// username: { secret: 'xxx', verified: true/false }
};

app.post('/login', (req, res) => {
  // 简化起见，只演示用户名密码校验逻辑
  const { username, password } = req.body;
  if (username === 'alice' && password === '123456') {
    // 登录成功，需要判断该用户是否启用 MFA
    const user = userDB[username];
    if (user && user.verified) {
      return res.json({ requireMFA: true });
    } else {
        return res.json({ requireMFA: false,
message: 'Login success, no MFA enabled' });
    }
  } else {
    return res.status(401).json({ error: 'Invalid
credentials' });
  }
});


// 绑定 MFA：生成 TOTP 密钥并返回二维码给前端，供用户
手机 App 扫描
app.post('/setup-mfa', async (req, res) => {
  const { username } = req.body;
  // 先确认用户已经通过用户名密码登录（略），此处直接进
行示范
```

```
const secret = speakeasy.generateSecret({ name:
'MyDemoMFA(${username})' });

  // 存储到数据库（这里存储到 userDB)
  userDB[username] = {
    secret: secret.base32,
    verified: false
  };

  try {
    // 生成二维码
    const qrDataURL = await qrcode.toDataURL(secret.
otpauth_url);
    return res.json({ qrDataURL });
  } catch (err) {
    return res.status(500).json({ error: 'Failed
to generate QR code' });
  }
});


// 验证用户输入的 TOTP 码, 若正确则完成 MFA 绑定
app.post('/verify-mfa-setup', (req, res) => {
  const { username, token } = req.body;
  const user = userDB[username];
  if (!user) {
    return res.status(400).json({ error: 'User not
found' });
```

```
  }
  const verified = speakeasy.totp.verify({
    secret: user.secret,
    encoding: 'base32',
    token: token
  });
  if (verified) {
    user.verified = true;
    return res.json({ success: true, message: 'MFA
setup verified successfully' });
  } else {
    return res.status(401).json({ success: false,
error: 'Invalid token' });
  }
});

// 登录流程中的二次校验: 用户输入 TOTP 动态码
app.post('/mfa-login', (req, res) => {
  const { username, token } = req.body;
  const user = userDB[username];
  if (!user || !user.verified) {
    return res.status(400).json({ error: 'MFA not
enabled or user not found' });
  }
  const tokenValid = speakeasy.totp.verify({
    secret: user.secret,
    encoding: 'base32',
```

```
    token: token
  });
  if (tokenValid) {
    // 二次验证通过 => 最终登录成功
    return res.json({ message: 'MFA login success!' });
  } else {
     return res.status(401).json({ error: 'Invalid
MFA token' });
  }
});


app.listen(3000, () => {
  console.log('MFA demo server running on http://
localhost:3000');
});
```

前端的交互思路大致可以分为以下几个部分。

1. 登录阶段

（1）用户输入用户名和密码发起登录请求，调用 /login 接口。

（2）若返回 requireMFA: true，说明需要二次校验，则前端跳转到二次校验页面，用户输入 TOTP 动态码并调用 /mfa-login。

（3）若返回 requireMFA: false，则登录流程结束或提示用户绑定 MFA。

2. 绑定 MFA 阶段

（1）用户在个人设置页面点击"启用 MFA"，前端调用 /setup-mfa 获取二维码的 Base64 编码，并将二维码展示在页面上。

（2）用户使用手机 Authenticator 扫描二维码后，输入当前的动态码，调用 /verify-mfa-setup 进行验证。

（3）验证成功后，该用户即进入已启用 MFA 状态。

5.1.4 在云端身份服务中配置并调用 MFA

1.AWS Cognito 启用 MFA

使用 AWS SDK for JavaScript（包含 v2 和 v3 版本）可以对 Cognito User Pool 执行各种管理操作，包括强制启用 MFA、设置 TOTP 或短信认证等。以下以 JavaScript(Node.js)+AWS SDK v2 为例，演示如何对某个用户开启 MFA。

```js
// aws-cognito-mfa.js
const AWS = require('aws-sdk');
AWS.config.update({ region: 'us-east-1' });

const cognitoISP = new AWS.CognitoIdentityService
Provider();

// 假设已创建 User Pool，并知道其 Id
const UserPoolId = 'us-east-1_XXXXXXX';
const Username = 'someUser@example.com';

async function setUserMFA() {
  try {
    // 开启 TOTP MFA（还可配置短信文本方式）
    await cognitoISP.adminSetUserMFAPreference({
      Username,
      UserPoolId,
```

```
        SoftwareTokenMfaSettings: {
          Enabled: true,
          PreferredMfa: true
        }
    }).promise();

    console.log('MFA Enabled for user:', Username);
  } catch (err) {
    console.error('Failed to set MFA:', err);
  }
}


setUserMFA();
```

关键点解析:

（1）adminSetUserMFAPreference 接口允许对指定用户设置 TOTP 或短信方式，并设定是否为首选。

（2）在前端登录流程里还需配合 Cognito Hosted UI 或自定义 UI，通过 challengeName === 'SOFTWARE_TOKEN_MFA' 等信息来提示用户输入动态码，具体可参考 AWS Cognito 官方文档。

2.Auth0 *启用* MFA

Auth0 也支持多种 MFA 方式，如 TOTP、推送通知、SMS 等，下面演示如何使用 Auth0 Management API 通过 Node.js 调用启用 Guardian（Auth0 的 MFA 服务）。

```js
// auth0-mfa.js
const axios = require('axios');
```

```
const AUTH0_DOMAIN = 'your-tenant.auth0.com';
const MANAGEMENT_API_TOKEN = 'YOUR_MANAGEMENT_API_
ACCESS_TOKEN';

async function enableMFAForUser(userId) {
  try {
//Guardian 配 置 :https://auth0.com/docs/mfa/
configure-auth0-mfa
    // 要求先开启 Tenant 的 MFA 功能 （如 Dashboard 或
API 中配置 ）
    // 这里可对某些用户强制 MFA
    const url = 'https://${AUTH0_DOMAIN}/api/v2/
users/${userId}';
    const headers = { Authorization: 'Bearer
${MANAGEMENT_API_TOKEN}' };
    const body = {
      app_metadata: {
        mfa_enabled: true
        // 自定义字段或 Auth0 默认字段 ( 需结合 Rule)
      }
    };

    await axios.patch(url, body, { headers });
    console.log('MFA Enabled for userId:
${userId}');
  } catch (error) {
```

```
    console.error('Error enabling MFA for user:',
error.response?.data || error.message);
  }
}


enableMFAForUser('auth0|1234567890');
```

关键点解析：

（1）在 Auth0 Dashboard 或 Management API 中先启用 Guardian/ 多因素身份验证，并设置 TOTP、SMS、Push 等验证方式。

（2）使用特定接口（如 PATCH、api、v2、users、{id}）或自定义 Rules 对特定用户强制执行 MFA。

（3）在实际登录流程中，Auth0 会在用户输入密码后自动发起多因素验证，如 TOTP 输入或短信校验，用户无须自己编码 Token 生成和验证逻辑。

MFA 的核心思路是在初次登录或账号设置时生成并绑定二次验证方式（如 TOTP、短信、指纹 / 面容识别等），并在每次登录时强制用户输入额外的动态码或进行生物特征验证。

自建方案（Speakeasy+QRCode+DB 存储）适合高度可定制场景，但需要自己处理 Token 存活周期、加密存储、可用性保障等；云端方案（如 AWSCognito、Auth0 等）集成度更高，支持多种 MFA 方式和完整的登录流程，用户只需在前后端对接好 SDK 即可大幅降低实现成本与维护成本。无论是自建后端还是云端身份服务，本质都是为账号提供更强大的第二把锁。

5.2　动态访问控制技术的实现

5.2.1　访问控制模型

通过为用户或实体设定严格的访问权限与规则，访问控制模型能够有效防范越权访问、内部滥用和外部攻击行为。随着云计算与虚拟化技术的广泛应用，传统访问控制模型也在不断演化，以适配多租户、跨地域和分布式场景的需求。在迈入更灵活、更智能的动态访问控制时代之前，有必要先回顾和分析自主访问控制（Discretionary Access Control, DAC）、MAC、RBAC 这三种经典模型。

1.DAC

DAC 是最早广泛使用的一种访问控制模型，由资源所有者（通常为文件、数据库记录或对象的创建者）自主决定其他用户对该资源的读写、执行等权限。典型的实现方式是基于 ACL，在操作系统文件权限或数据库权限管理中应用尤为常见。

它的优点在于灵活性高、易于实施，适合中小型环境或信任度较高的团队内部共享场景。相应地，DAC 依赖资源所有者维护权限策略，存在"纵向升级"风险，即攻击者一旦获取创建者权限，便可全面控制该对象，难以满足安全等级高、用户角色复杂的场景要求。

2.MAC

MAC 强调由安全策略的制定者，如系统管理员、中央安全策略中心强制定义资源与主体的安全等级和访问范围。主体（用户或进程）与客体（文件或数据）都被赋予"敏感度标签"，访问行为需要遵循系统统一的安全策略，如"禁止机密级别低的主体访问机密级别高的数据"。

MAC有着统一规划和严格的分级管理，适合高安全等级场景，如军事、政府涉密环境。但是它缺乏一定的灵活性，对业务变化和多样化访问需求支持度较低，维护成本较高，而且需要在系统级别进行深度集成。

3.RBAC

RBAC通过将用户与角色、角色与权限建立映射关系，能够实现对大规模、多用户环境的访问权限管理。每个角色代表特定的职能或业务职责，角色所拥有的权限决定了其能够对哪些资源执行何种操作，用户一旦被赋予某角色，便自动获得该角色所有的权限。

RBAC具有便于管理和维护、权限分配直观的优点，但是在角色数量多、层次结构复杂时会出现角色膨胀问题，后期维护需良好的组织策略和工具支持。对于极度灵活或个性化的权限需求场景，RBAC也需要和其他模型（如ABAC）结合才能有效应对。

在云计算、多租户和移动办公场景下，访问控制不仅需要多层级和多属性的管控手段，还要引入实时风险评估机制，以实现动态权限调整和合规管控。为了应对来自外部与内部的复杂威胁，结合属性、上下文与威胁情报的动态访问控制正逐渐成为行业趋势。

5.2.2 动态访问控制模型与技术

为了在更广泛的上下文中实现精细化的权限管理，并且能动态调整授权策略，ABAC和实时风险评估驱动的访问控制策略正日益受到行业关注。这些模型与技术通过分析和判断用户、资源和环境的多维信息，实现了与业务场景高度适配的安全策略。

1.ABAC 的概念与实现

ABAC通过将访问决策基于一组属性来决定是否允许主体访问客体，相比于RBAC更具灵活度和细粒度。属性可以有多个来源，包括用户身份信息（如部门、职能、资质）、资源本身的安全级别或类型以及环境上下文（如访问时间、地理位置、终端设备信息）等。在有访问请求时，系统会按照预设的策略规则对这些属性进行匹配和运算，进而得出授权结果。

（1）属性分类与策略定义。ABAC 将属性分为主体属性、客体属性、环境属性和行为属性，策略引擎会根据这些属性编写的规则或策略，实时评估访问请求是否满足特定条件。例如，某金融企业可规定：只有在工作日且身处公司网络环境的财务部门员工，才拥有对财务报表的读写操作权限；若访问请求来自外部网络或跨时区登录，则默认进入受限权限或触发更高等级的认证。

（2）系统架构与实施流程。实施 ABAC 需构建完整的策略管理与执行框架，一般包括属性存储、策略库、策略决策点和策略执行点这些组件。当访问请求抵达策略执行点后，策略决策点从属性存储和策略库中检索所需信息，通过规则运算得出"允许"或"拒绝"的结果，再由策略执行点执行最终授权或阻断操作。

在具体部署 ABAC 时，企业可使用可扩展访问控制语言（eXtensible Access Control Markup Language, XACML）等通用标准来定义 ABAC 策略，也可结合自研的属性管理工具和身份管理平台，实现与现有系统的深度集成。但需注意保证属性数据的准确性、实时性以及可审计性，避免在快速变化的业务环境中因属性失效或滞后导致授权误判。

（3）适用场景与优势。与 RBAC 相比，ABAC 的最大优势在于应对跨部门协作、多云环境、临时项目组等复杂场景时具有较高的灵活性。企业通过基于属性的动态决策过程能更精准地控制资源访问，防止出现权限过大或不当继承的情况。同时，ABAC 也可与 RBAC 相结合，用于细化角色权限或解决角色爆炸的问题，借助属性来动态细分相同角色下的不同用户或操作。

2. 实时风险评估驱动的访问控制策略

在当今复杂多变的网络环境中，静态规则与预定义策略无法及时反映攻击态势和业务风险的变化，因此实时风险评估驱动的访问控制模式应运而生，其通过持续监测用户行为、环境因素以及威胁情报，实现对访问请求的动态决策。

（1）风险指标与度量。系统需要整合日志审计、终端安全状态、网络流量监测、第三方威胁情报等多种信息源来计算用户或实体的风险分值。如果某账户出现登录频率异常、短时间内跨地域登录，或者终端系统存在高危漏洞，那么风险分值就会显著上升，从而触发更严格的认证或拒绝访问请求。

不同行业有着特定的风险指标及度量方法，如金融机构更关注交易频次与异常交易金额，医疗机构则更重视对患者隐私数据访问的合规性要求。

（2）动态策略调整与自适应响应。当风险评估结果达到设定阈值，系统可自动执行包括限制访问范围、提升认证级别或立即锁定账号等一系列响应动作。在云环境下可与统一身份认证平台或 API 网关结合，通过编排的工作流快速部署安全策略，大幅缩短从风险发现到策略生效的时延。此过程常与安全编排、自动化与响应平台或安全信息和事件管理工具协同，形成闭环防护体系。

5.2.3 RBAC、ABAC 基本模型代码示例

下面将展示 RBAC、ABAC 这两种基本的访问控制模型，并给出在 Kubernetes 与 Open Policy Agent（OPA）中编写策略的示例。

RBAC 更加静态，方便对一组资源进行统一授权，广泛应用于 Kubernetes、数据库管理等场景；ABAC 则更灵活，可根据请求者或资源的多种属性（部门、标签、位置、时间等）进行动态决策，常结合 OPA 或自定义策略引擎实现。

1.RBAC 的简单演示

Kubernetes RBAC 示例：

在 Kubernetes 中使用 RBAC 控制面板权限是一种常见做法，以下示例通过 ClusterRole（集群角色）、ClusterRoleBinding（集群角色绑定）为用户或服务账户赋予仅对特定命名空间内的资源进行操作的权限。

```yaml
# clusterrole.yaml
apiVersion: rbac.authorization.k8s.io/v1
kind: ClusterRole
metadata:
  name: namespace-reader
rules:
  - apiGroups: [""]
    resources: ["pods", "services", "configmaps"]
    verbs: ["get", "list", "watch"]
```

```yaml
# clusterrolebinding.yaml
apiVersion: rbac.authorization.k8s.io/v1
kind: ClusterRoleBinding
metadata:
  name: namespace-reader-binding
subjects:
  - kind: User
    name: alice@example.com
```

```
    apiGroup: rbac.authorization.k8s.io
roleRef:
  kind: ClusterRole
  name: namespace-reader
  apiGroup: rbac.authorization.k8s.io
```

关键点解析：

（1）clusterrole.yaml定义了一个ClusterRole，其规则允许对API组（""）下的pods、services、configmaps执行get、list、watch这三种操作。

（2）clusterrolebinding.yaml 将这个角色绑定给一个名为 alice@example.com 的用户，授予其在所有命名空间读取 Pods、Services、ConfigMaps 的能力。

（3）若需将权限限制到一个特定的 namespace，可使用 Role + RoleBinding 而非 ClusterRole+ClusterRoleBinding。

2.ABAC 在 OPA 中的示例

OPA 可以通过 Rego 语言实现 ABAC 逻辑，接下来将演示如何在 OPA 中写这样一条简单策略：只有当请求者具备特定属性（如部门 department == "finance"）且请求资源标签（resource_label == "financial-data"）相匹配时才允许访问。

```
rego
package myabac


default allow = false


allow {
  input.user.department == "finance"
  input.resource.label == "financial-data"
}
```

关键点解析：

① default allow = false 表示默认拒绝所有访问请求。

② 当请求者的部门属性 user.department 与请求资源的标签属性 resource.label 均满足预设条件时，会触发 allow 规则为 true，表示允许访问。

③ 这种逻辑可以扩展到更多属性，如用户角色、请求时间段、IP 地址等。

④ 执行策略示例。下面是一个使用 OPA CLI 评估策略的示例，其中 policy.rego 文件的内容就是上面的 Rego 代码。

input.json 文件模拟一次请求的上下文：

```json
{
  "user": {
    "name": "alice",
    "department": "finance"
  },
  "resource": {
    "label": "financial-data"
  }
}
```

命令行执行：

```bash
opa eval --input input.json --data policy.rego
"data.myabac.allow"
```

若 allow == true 则表示通过；若 allow = = false 则表示拒绝。

5.2.4　实时风险评估"基于条件"的访问控制示例

这一部分将通过一个简化的"基于条件"的访问控制示例，展示如何根据动态信息（如 IP 地址、请求次数等）执行访问控制逻辑。

实时风险评估会借助动态信息（如 IP、请求频次、地理位置等）对请求执行细粒度放行或拒绝操作，可嵌入 API Gateway、Nginx/Envoy 或后端中间件；OPA 使用 Rego 语言编写策略，是典型的"Policy as Code"实现方式，可与 Kubernetes Admission Controller 或微服务网格（Istio）进行集成，实现全局统一的安全策略管理。

1. 条件策略引擎伪代码

以下示例以 Python 的伪代码形式来演示一个简易的策略引擎，根据请求者的 IP 地址、请求次数或地理位置等动态数据来决定是否放行请求。

```python
# dynamic_policy_engine.py

class RequestContext:
    def __init__(self, user_id, source_ip,
request_count, location=None):
        self.user_id = user_id
        self.source_ip = source_ip
        self.request_count = request_count
        self.location = location  # e.g., "CN",
"US"

def is_request_allowed(ctx: RequestContext) ->
bool:
```

```python
    # 条件1:IP 黑名单
    blacklist_ips = {"192.168.1.123"}
    if ctx.source_ip in blacklist_ips:
        return False


    # 条件2: 访问频率限制
    if ctx.request_count > 1000:
        return False


    # 条件3: 用户地理位置限制
    restricted_locations = {"NK", "IR"}  # example
    if ctx.location in restricted_locations:
        return False


    # 其他条件可继续添加 ...
    return True

if __name__ == "__main__":
    # 模拟请求上下文
    req_ctx = RequestContext(
        user_id="alice",
        source_ip="192.168.1.55",
        request_count=500,
        location="US"
    )
    decision = is_request_allowed(req_ctx)
      print(f"Decision: {'ALLOW' if decision else
```

```
'DENY'}")
```

关键点解析：

（1）通过对 RequestContext 中的字段（如 IP、请求次数、地理位置等）做动态判断从而得出 ALLOW 或 DENY 的决策。

（2）在实际环境中，可结合 Redis 或数据库记录的统计信息（如最近 1 分钟的请求次数），或使用专门的风险评分系统（如 ML 模型或第三方服务）更准确地评估风险。

（3）这种简易示例可作为自定义中间件或网关插件，用于在 API Gateway/Nginx 中实现对 API 请求的实时访问控制。

2. 在 OPA 中做实时条件判断

结合 OPA 的 Rego 语言，也可将上面逻辑放入策略中，如下面这个例子：

```rego
rego
package riskpolicy

default allow = false

deny[msg] {
  input.ip in {"192.168.1.123"}
  msg := "IP is blacklisted"
}

deny[msg] {
  input.request_count > 1000
  msg := "Too many requests"
}
```

```
deny[msg] {
  input.location in {"NK", "IR"}
  msg := "Location restricted"
}

allow {
  not deny
}
```

关键点解析：

（1）此处定义了多个拒绝（deny）规则，包括黑名单 IP、大量请求、地域限制等情况。

（2）若任何一个 deny 规则被触发，则拒绝访问；若都不触发，则允许访问。

（3）OPA 提供了详细的结果输出，可在决策服务中返回拒绝访问的具体理由。

5.3 基于角色的权限管理策略

5.3.1 RBAC 模型及其在云中的应用

上一节内容中曾简单介绍过 RBAC，RBAC 是当前企业信息系统中应用较为广泛的权限管理模型之一，它通过将用户与角色、角色与权限进行映射来控制用户对系统资源的访问，从而在简化权限分配流程的同时降低了权限过度或配置混乱的风险。随着云计算的兴起，RBAC 在多租户、跨区域和大规模分布式场景下依然具备较高的可行性与适应性，但需要针对云环境特有的安全需求做进一步的扩展与优化。

1. 角色定义与权限分配流程

在 RBAC 模型中，角色是连接用户与权限的核心纽带，要想充分发挥 RBAC 的安全与管理优势，就要科学定义角色，并依据业务需求与组织结构制定合适的权限分配流程。

（1）角色分析与命名。在角色定义阶段，应先对业务部门、岗位职能以及资源类型进行充分调研与分类，然后根据不同业务线（如财务、人事、研发、运维等），结合岗位职责和操作范围，设计出与实际需求相匹配的角色集。角色命名应简洁明了，以便管理员和用户快速理解，如 "Finance_Manager" "DevOps_Admin" 等。

（2）权限集合与规则设计。每个角色应对应一组明确的权限集合，这些权限体现为对资源或操作的允许或禁止，如读写数据库、管理虚拟机实例、执行配置变更等。权限设置需要遵循最小权限原则，即角色只赋予完成本岗位职能所需的最小权限，避免因"超配"引发安全漏洞或合规风险。企业则应结合 ACL 或云平台的权限策略语言对资源级与操作级进行精细化定义。

（3）用户与角色的映射。在为用户分配角色时，可根据其实际岗位、部门或项目参与度确定具体的分配方式。部分云平台和统一身份管理系统支持批量或动态分配角色，简化了大规模用户管理的操作流程。对于那些承担多重职责的用户，可为其关联多个角色，并在登录或操作时根据场景自动切换或叠加相关权限。

（4）审批与审计机制。为了提高安全合规性，角色定义与权限分配的关键环节需设置审批流程并记录审计日志，以便有效追溯权限变动的原因与责任人，避免内部人员越权或角色滥用。同时，要定期开展角色审计与清理工作，确保历史遗留权限或角色不被非法利用。

2. 多租户环境下的角色继承与隔离

云计算在多租户环境中会同时承载来自不同部门、团队或外部客户的业务需求，单一角色模型无法充分满足互不干扰与相互隔离的安全要求。因此，在云环境下，需更灵活地设计和实现 RBAC 的角色继承与租户隔离机制。

（1）角色继承与层级化管理。在多租户场景下，需要兼顾统一管理和分域授权的需求，这可以通过角色继承功能实现，即在上层定义通用角色（如"Ops_ReadOnly"），并在下层针对具体租户或项目进行细化扩展（如"Ops_ReadOnly_DeptA""Ops_ReadOnly_DeptB"），从而在统一的管理框架下高效实现共享与差异化的权限设置。

角色继承需要配合明确的层级关系与权限继承规则，避免因过度嵌套或角色重叠导致复杂性增加和维护难度增大。

（2）安全隔离与租户边界。在公有云或大型企业的私有云环境中，多租户安全隔离是 RBAC 应用的重点。云平台会在租户级别提供访问隔离机制，各租户拥有各自的用户目录和资源池，这种物理或逻辑上的分隔能确保租户 A 的角色无法操作租户 B 的资源。

对于存在跨部门或跨项目协同需求的情况，租户边界与角色权限之间还需提供受控的互操作机制。例如，在多人协同的数据分析项目场景中，租户 A 的分析师可在租户 B 授予的限定权限范围内临时访问某些数据集，以减少重复存储或数据迁移带来的开销。

（3）动态调整与合规审计。随着业务扩张与组织架构的频繁变动，多租户 RBAC 需要支持角色的动态调整和自动化配置管理。当新部门或新客户接入时，可通过脚本或基于 API 的方式快速创建对应租户及初始角色；当租户合并或分拆时，也需具备弹性拆分角色和权限的能力。

在合规与审计方面，企业应利用访问日志和审计追踪工具记录关键的授权变更事件，并结合云平台的安全报告机制定期审核，以确保所有角色定义与权限分配均符合政策法规与行业标准。

5.3.2　RBAC 模型的扩展与适配

RBAC 通过定义用户与角色、角色与权限间的映射关系，为企业或组织提供了相对简明、高效的权限管控方式。但是，随着云计算和分布式应用的快速发展，单纯依赖角色定义和分配的传统 RBAC 模型已难以灵活应对跨部门、多租户及动态变化的安全需求。为了更好地适配当下多样化的应用场景，RBAC 需要与 ABAC、CBAC 相结合，同时在跨云环境中通过分层角色管理实现更全面的扩展和融合。

1.ABAC 与 CBAC 结合

在实际业务环境中，除了通过角色来区分用户权限，还需要综合考虑用户的所处环境、行为特征以及资源属性等多方面因素。ABAC 与 CBAC 为 RBAC 提供了更灵活和细粒度的扩展思路。

（1）属性增强与动态决策。将用户属性（如部门、职级、风险等级）、资源属性（如数据敏感度、文件所属项目）与访问上下文（如时间、地理位置、网络状态）纳入 RBAC 的决策过程，可在角色许可的基础上做进一步细分，动态地赋予或剥离权限。例如，在某个具体场景中，某位具备"财务人员"角色的用户若在非常规时间或异常地域发起访问请求，系统可自动触发更高级别的认证或限制访问范围，从而在角色层面之外增设一道安全防线。

（2）策略设计与实现框架。企业可利用 XACML 等通用标准对用户、角色、属性、上下文信息进行统一描述，并在策略决策点进行综合判断。若判定合规，则由策略执行点予以放行或执行对应操作。该模式需确保属性数据来源可靠、更新及时，并在 IAM 或目录服务中有效地维护用户和资源的多维信息。

（3）应用场景与收益。与 RBAC 组合后，ABAC 与 CBAC 可灵活适配于跨时区办公、移动终端接入和外包人员临时授权等场景。它既能延续 RBAC 易管理、易理解的优势，又能针对特定业务需求实现自适应的访问策略，让安全策略与组织动态变化保持同步。

2.分层角色管理与跨云环境的融合

当组织规模和业务范围不断扩大时，角色数量与层级必然会相应增加。再加上多云或混合云架构的普及，传统 RBAC 在角色定义与维护层面所面临的挑战进一步加剧。因此，分层角色管理与跨云环境的融合也逐渐成为主流趋势。

（1）分层角色管理与治理。在大型企业或多租户场景下，将角色进行层次划分有助于降低复杂度。一种较为通用的划分策略是设置全局角色与业务角色两个层次。全局角色负责核心、安全级别更高的权限，如系统管理、审计合规等；业务角色则聚焦于各部门、项目或应用领域所需的权限。当新项目或新部门加入时，可在业务角色层次灵活扩展，并根据需要继承或覆盖全局角色的部分权限。

分层角色模型的设计需注重避免层级过深和角色重叠，建议定期开展角色审计并制定清晰的角色生命周期管理规范，使角色结构始终与业务结构相匹配。

（2）跨云环境的角色映射与单点管理。在多云或混合云环境中，不同云平台通常使用各自的身份管理服务，如 AWS IAM、Azure Active Directory、GCP IAM 等。企业若要实现统一的访问控制，就要跨云对角色进行映射与统筹，并确保关键权限在各平台之间协同一致。

典型做法是建立一个集中式的"角色主目录"或身份管理系统，通过 API 或自动化脚本与各云平台对接。当角色、用户或权限在主目录发生变更时，各云平台也能在较短时间内完成同步更新。对于需要在不同云上协作的项目，可先在主目录中定义通用角色，再根据各平台的特性进行本地化映射，以免出现角色冲突或安全漏洞。

（3）安全与合规的保障。角色定义和权限策略同样应遵循最小权限原则，并结合访问日志与审计记录进行全面监控。只有在具备完善治理机制和持续合规验证的前提下，角色管理策略才能在多云环境中发挥应有的作用。

5.3.3　云服务商 IAM 环境中的角色管理示例

本小节将以 AWS IAM、阿里云 RAM 为例，展示在云服务商 IAM 环境中如何使用 CLI 或 SDK 创建角色并授予权限：通过 AWS CLI、阿里云 CLI 或 SDK 来创建角色，指定信任策略（谁能扮演该角色）以及权限策略（该角色能访问什么资源）。

1.AWS IAM

使用 AWS CLI 创建 IAM 角色并附加策略：

（1）创建角色：下面通过 CLI 命令创建一个名为 MyAppRole 的角色，该角色的信任关系指定只能由某个服务或账户来扮演，在本例中该服务为 EC2。

```bash
# 创建信任策略文件 trust-policy.json
```

```
cat <<EOF > trust-policy.json
{
  "Version": "2012-10-17",
  "Statement": [
    {
      "Effect": "Allow",
      "Principal": {
        "Service": "ec2.amazonaws.com"
      },
      "Action": "sts:AssumeRole"
    }
  ]
}
EOF


# 创建 IAM 角色，指定信任策略
aws iam create-role \
  --role-name MyAppRole \
  --assume-role-policy-document file://trust-
policy.json
```

（2）创建或使用已有策略：在为角色赋予权限时，可以使用现有的 AWS Managed Policy，如 AmazonS3ReadOnlyAccess，也可以自定义编写策略并保存为 JSON 文件，如 my-policy.json，然后通过命令将其附加到角色上。

```bash
# 方式 1：直接附加 AWS 预定义策略
```

```
aws iam attach-role-policy \
  --role-name MyAppRole \
   --policy-arn arn:aws:iam::aws:policy/
AmazonS3ReadOnlyAccess

# 方式 2：自定义策略，然后附加
cat <<EOF > my-policy.json
{
  "Version": "2012-10-17",
  "Statement": [
   {
     "Effect": "Allow",
     "Action": "dynamodb:Query",
     "Resource": "*"
   }
  ]
}
EOF

# 创建自定义策略
MY_POLICY_ARN=$(aws iam create-policy --policy-
name MyDDBQueryPolicy \
                --policy-document file://my-policy.
json \
                --query 'Policy.Arn' --output text)

# 将该策略附加到 MyAppRole
```

```
aws iam attach-role-policy \
  --role-name MyAppRole \
  --policy-arn $MY_POLICY_ARN
```

（3）查看结果：

```bash
aws iam list-attached-role-policies --role-name
MyAppRole
```

2. 阿里云 RAM

使用 Aliyun CLI 创建角色并编辑权限：

（1）创建角色：创建一个名为 MyAliyunAppRole 的角色，该角色允许 ECS 服务来扮演。

```bash
# 安装并配置 Aliyun CLI：
# aliyun configure

# 创建信任策略文件 trust.json
cat <<EOF > trust.json
{
  "Statement": [
    {
      "Action": "sts:AssumeRole",
      "Effect": "Allow",
      "Principal": {
        "Service": [
          "ecs.aliyuncs.com"
```

```
                ]
            }
        }
    ],
    "Version": "1"
}
EOF


# 创建角色
aliyun ram CreateRole \
    --RoleName MyAliyunAppRole \
    --AssumeRolePolicyDocument file://trust.json
```

（2）创建或绑定策略：使用阿里云已有的系统策略，如 AliyunOSSReadOnlyAccess，或自定义编写策略并保存为 JSON 文件。下面演示自定义策略并将其绑定到角色上。

```
bash
# 自定义策略文件 my-ram-policy.json
cat <<EOF > my-ram-policy.json
{
    "Version": "1",
    "Statement": [
        {
            "Action": [
                "ecs:Describe*"
            ],
            "Effect": "Allow",
```

```
        "Resource": "*"
      }
    ]
}
EOF

# 创建自定义策略
aliyun ram CreatePolicy \
  --PolicyName MyRAMPolicy \
  --PolicyDocument file://my-ram-policy.json

# 将该策略授权给 MyAliyunAppRole
aliyun ram AttachPolicyToRole \
  --PolicyType Custom \
  --PolicyName MyRAMPolicy \
  --RoleName MyAliyunAppRole
```

（3）查看结果：

```bash
bash
aliyun ram ListPoliciesForRole --RoleName
MyAliyunAppRole
```

5.3.4　RBAC 数据库设计与权限检验

本示例用来实现 RBAC 的数据库表结构与核心权限检验逻辑代码。

在自建应用中实现 RBAC 通常需要以下数据库表结构：用户表（users）、角色表（roles）、用户 – 角色关联表（user_roles）、权限表 /

资源表（permissions）、角色 – 权限关联表（role_permissions）等。下面以一个简化版本为例（MySQL/MariaDB 语法），并给出部分后端逻辑代码（以 Node.js+Sequelize 伪代码形式展示）。

1. 简化数据库表结构

```sql
sql
-- 用户表
CREATE TABLE users (
  id INT AUTO_INCREMENT PRIMARY KEY,
  username VARCHAR(50) NOT NULL,
  password_hash VARCHAR(255) NOT NULL
);

-- 角色表
CREATE TABLE roles (
  id INT AUTO_INCREMENT PRIMARY KEY,
  role_name VARCHAR(50) NOT NULL
);

-- 用户—角色关联表（多对多）
CREATE TABLE user_roles (
  user_id INT NOT NULL,
  role_id INT NOT NULL,
  PRIMARY KEY (user_id, role_id),
  FOREIGN KEY (user_id) REFERENCES users(id),
  FOREIGN KEY (role_id) REFERENCES roles(id)
);
```

```sql
-- 权限表 ( 也可以将权限精细到某资源 )
CREATE TABLE permissions (
  id INT AUTO_INCREMENT PRIMARY KEY,
  permission_name VARCHAR(100) NOT NULL
);


-- 角色 - 权限关联表
CREATE TABLE role_permissions (
  role_id INT NOT NULL,
  permission_id INT NOT NULL,
  PRIMARY KEY (role_id, permission_id),
  FOREIGN KEY (role_id) REFERENCES roles(id),
   FOREIGN KEY (permission_id) REFERENCES
permissions(id)
);
```

2. **应用后端实现：角色权限校验**（Node.js+Sequelize）

（1）模型定义（伪代码）：

```js
js
// models.js

const { Sequelize, DataTypes } =
require('sequelize');
const sequelize = new Sequelize('rbac_demo', 'user',
'password', {
  dialect: 'mysql'
```

```
});

const User = sequelize.define('User', {
  username: DataTypes.STRING,
  password_hash: DataTypes.STRING
}, { tableName: 'users' });

const Role = sequelize.define('Role', {
  role_name: DataTypes.STRING
}, { tableName: 'roles' });

const Permission = sequelize.define('Permission', {
  permission_name: DataTypes.STRING
}, { tableName: 'permissions' });

// 多对多关系
User.belongsToMany(Role, { through: 'user_roles',
foreignKey: 'user_id' });
Role.belongsToMany(User, { through: 'user_roles',
foreignKey: 'role_id' });

Role.belongsToMany(Permission, { through: 'role_
permissions', foreignKey: 'role_id' });
Permission.belongsToMany(Role, { through: 'role_
permissions', foreignKey: 'permission_id' });

module.exports = { User, Role, Permission,
```

```
sequelize };
```

（2）检查权限的逻辑：

```js
// authService.js

const { User, Role, Permission } = require('./
models');

async function userHasPermission(userId,
permissionName) {
  // 1. 找到用户 -> 用户的角色 -> 角色的权限
  const user = await User.findByPk(userId, {
    include: {
      model: Role,
      include: [ Permission ]
    }
  });
  if (!user) return false;

  // 2. 遍历角色与权限
  for (const role of user.Roles) {
   for (const perm of role.Permissions) {
    if (perm.permission_name === permissionName) {
      return true; // 找到对应权限
    }
   }
```

```
  }
  return false;
}


// 使用示例：
async function exampleUsage() {
  const canEditArticle = await userHasPermission(1,
'article.edit');
  if (canEditArticle) {
    console.log("User #1 can edit article!");
  } else {
    console.log("User #1 has NO permission to edit
article.");
  }
}


exampleUsage();
```

关键点解析：

①使用多对多关联（User ↔ Role、Role ↔ Permission）定义权限结构。

② userHasPermission 函数通过嵌套查询或遍历操作，检查用户是否隶属某个角色以及该角色是否具备特殊权限。

③出于对性能与可维护性的考量，在实际项目中会对角色 – 权限数据做缓存，或者使用更复杂的映射结构。

第6章 虚拟化安全技术及其应用策略

6.1 虚拟化技术构架

虚拟化是指创建某种 IT 资源的虚拟（非实体）版的行为，包括虚拟的硬件平台、存储设备和网络资源等。[①]虚拟化技术是云计算安全体系的核心支撑之一，它通过在物理硬件与操作系统之间构建抽象层，使物理资源可以被多个虚拟实体安全、弹性地共享。利用虚拟化技术，可以在同一台物理服务器上运行多个相互隔离的操作系统或容器，从而提高硬件资源的利用率与可管理性。近年来，容器化技术也在迅速发展，与传统虚拟机相比，容器化技术在资源隔离性、性能消耗以及部署方式等方面呈现出显著差异，已成为云计算环境中不可忽视的重要环节。

---

① 徐里萍，刘松涛，张晓.虚拟化与容器[M].上海：上海交通大学出版社，2022：4.

6.1.1 全虚拟化与半虚拟化

在云计算的技术体系中，虚拟化并非单一概念，它包含了多种不同的实现形式，其中具有代表性且应用较为广泛的虚拟化方式包括全虚拟化、半虚拟化和操作系统级虚拟化，它们在底层硬件抽象程度、对客户操作系统（Guest OS）的依赖性以及性能消耗等方面各有特点，分别对应着不同的应用场景与安全需求。

全虚拟化是较早出现并获得广泛认可的一种虚拟化形式，它通过在物理硬件与 Guest OS 之间引入一层 Hypervisor 或虚拟机管理器（Virtual Machine Manager, VMM），为 Guest OS 提供几乎完整的硬件抽象接口。由于 Guest OS 无须进行任何特殊修改就能像在真实物理机上运行一样访问 CPU、内存、存储和网络等资源，因此全虚拟化在兼容性上占据优势，但也因为所有的硬件访问都需要先通过 Hypervisor 中转，所以性能开销相对较大，对 Hypervisor 本身的安全和性能优化提出了更高要求。

与之相对的是半虚拟化，它在一定程度上解决了全虚拟化模式下 Guest OS 与 Hypervisor 之间频繁陷入导致的性能损耗。要实现这一点，需要对 Guest OS 做内核层面的定制或引入专门的驱动，从而使 Guest OS 在与 Hypervisor 协同工作时能够对特权指令或 I/O 操作进行优化。这种方法能减少虚拟化带来的性能开销，提高资源利用率，不过对操作系统的可定制性和修改权限提出了更高的要求，因此更适合那些可自由修改内核的开源系统场景。若客户运行的是闭源系统且无法对内核做出改动，那么半虚拟化模式在实际应用中往往会受到一定限制。

6.1.2 操作系统级虚拟化

相比于上述两种需要在硬件和 Guest OS 之间建立完整或部分抽象的方式，操作系统级虚拟化则从内核层面采取另一种思路。从技术本质上讲，传统虚拟机需要在物理硬件与 Guest OS 之间构建完整的 Hypervisor

层，每个虚拟机都会加载独立的操作系统，这种"内核级"的抽象能够保证不同虚拟机之间的安全隔离，也使同一台宿主机能支持不同类型的Guest OS。然而，这种模式不可避免地带来了较高的资源占用，并在频繁启动与管理的过程中耗费了更多的时间和运维成本。对于需要快速弹性伸缩和微服务化的业务场景而言，传统虚拟机在规模化部署上显得相对笨重。

容器化技术则采用了操作系统级的虚拟化思路，以Docker、Kubernetes等生态工具为代表，通过命名空间（Namespace）和控制组（Cgroups）机制，在宿主机内核上为应用创建轻量级的"隔离空间"。与传统虚拟机需要完整操作系统镜像相比，容器镜像可以理解为一种"精简的应用包"，其中仅包含运行某个服务所必需的文件、库与配置，大大减少了系统级的冗余。正因如此，容器在启动速度、硬件资源使用率以及持续交付效率等方面都具有显著优势，尤其适合需要快速迭代和灵活伸缩的微服务架构。与此同时，Kubernetes等编排工具更是将容器的动态调度、自动扩缩容和故障自愈机制提升到了新高度，使在大规模集群环境中充分利用计算资源成为现实。

然而，共享宿主操作系统内核也让容器在安全隔离层面面临新的挑战。当宿主机内核存在漏洞或运行着高权限容器时，潜在的风险很可能会波及整个平台。此外，由于容器镜像更新频率高、依赖项多，且常常从公共镜像仓库中获取基础镜像，如何对其进行安全扫描、合规认证与版本管理，也成为业界普遍关注的问题。相比之下，如果Hypervisor本身设计合理且补丁更新及时，传统虚拟机之间更不容易出现横向渗透。在一些注重高度隔离和合规要求的场景中，企业仍会倾向于使用虚拟机，甚至采取"虚拟机 + 容器"的混合部署模式，以在效率和安全之间取得平衡。

从整体来看，容器与传统虚拟机之争并非简单的"谁将取代谁"的关系，而是在云计算领域各有侧重。容器更偏向于服务化和弹性伸缩的理念，擅长快速迭代和大规模集群编排；虚拟机则在高度隔离、多操作系统支持以及安全合规等层面更具传统优势。企业在选择具体的虚拟化方式时，需要综合考虑现有系统架构、安全合规规定、运维团队技能储备以及业务需求，这样才能在灵活性与安全性之间取得最优平衡，为云计算环境中的应用部署和管理提供更可靠的技术保障。

6.2　虚拟化技术原理

6.2.1　Hypervisor 的工作机制

在虚拟化的运行环境中，Hypervisor 常被称作虚拟机监控器或 VMM，它位于底层硬件与虚拟机操作系统之间，通过分配与管理 CPU、内存、I/O 等资源，为不同的 Guest OS 提供完整或部分抽象的运行环境。从本质上看，Hypervisor 不仅模拟底层硬件逻辑，它还是一个在资源调度和安全隔离方面发挥核心管控作用的中枢系统，能够高效地将硬件资源在多个虚拟机之间进行切分与复用，多租户共享与弹性伸缩也正是借助这样的机制才得以实现。

根据部署方式与宿主操作系统之间的关系，Hypervisor 一般可以分为 Type 1 和 Type 2 两大类。虽然二者从架构设计到应用场景都存在明显差异，但其共同目标都是为运行在其上的虚拟机提供安全、稳定且高效的硬件抽象与操作环境。

Type 1 又称裸金属型，在这种模式下，Hypervisor 直接部署在物理硬件上，无须依赖宿主操作系统。它以"最小化"的内核以及管理程序形式控制硬件资源访问，并在其上运行一个或多个 Guest OS。在这一模式中，由于 Hypervisor 自身掌控对处理器指令和特权级的调度，Guest OS 对硬件的操作需要通过 Hypervisor 的管理层实现，因此这种模式能够带来较高的性能与较好的安全隔离，因为虚拟机之间几乎不存在对宿主操作系统的共享依赖。对于需要大规模、极高性能以及安全隔离标准严格的数据中心和云计算平台而言，Type 1 Hypervisor 通常是首选。典型的实现包括 VMware ESXi、Microsoft Hyper-V 以及开源社区的 Xen，当它们部署在服务器端时可以直接接管 CPU、内存和网络等资源的访问权限。大多数公有云和企业私有云的数据中心也采用了类似方案，通过对整个数据中心的硬件进行 Hypervisor 管理，进而为上层的虚拟机与容器提供基础支撑。

Type 2 型 Hypervisor 依赖宿主操作系统的支持。Type 2 又称托管型 Hypervisor，它运行在已有的操作系统之上，以进程或服务的形式存在，负责创建并管理虚拟机所需的硬件抽象层。在这一架构中，宿主操作系统依旧掌管对硬件资源的访问和中断处理，Hypervisor 需要通过宿主 OS 提供的 API 进行资源调度和管理。与 Type 1 相比，Type 2 Hypervisor 更易于安装部署，对个人桌面级或小规模开发测试环境更为友好。例如，VMware Workstation、Oracle VM VirtualBox 和 Parallels Desktop 等工具都属于此类，它们能利用宿主操作系统的现有驱动与管理机制快速为用户创建虚拟机实例。不过，在资源开销和性能损耗方面，Type 2 模式要高于 Type 1，并且安全性也更依赖宿主操作系统的整体防护水平，但对于应用开发者和桌面用户来说，其使用门槛较低，并具备丰富的外设支持和图形界面功能，能够满足日常开发与实验验证需求。

从工作机理和部署方式来看，Type 1 与 Type 2 Hypervisor 两种形态已分别在服务器级与桌面级虚拟化环境中占据主要地位。对于需要在核心生产环境保证高可用性、安全性和性能的企业来说，最好是基于 Type 1 Hypervisor 来搭建私有云或选择公有云平台来承载关键业务。而对于那些强调灵活测试和快速迭代的开发场景，Type 2 Hypervisor 则是更好的选择。

6.2.2 虚拟机管理与调度

在 Hypervisor 为 Guest OS 提供硬件抽象的过程中，虚拟机管理与调度的核心目标是有效协调底层物理资源，确保多个虚拟机之间能够公平、高效地共享硬件，同时维持必要的安全隔离与性能质量。在 CPU 层面，Hypervisor 会拦截与处理特权指令，为每个虚拟机分配独立的虚拟 CPU（vCPU），确保 Guest OS 自行执行普通指令而不会直接访问底层硬件资源。若采用 Intel VT-x 或 AMD-V 等硬件辅助机制，Hypervisor 可以在处理器的特权模式切换中更灵活地执行中断处理与陷入，避免给 Guest OS 运行带来过多性能开销。当大量虚拟机争用 CPU 的情形时，Hypervisor 必须制定合理的调度策略，通过时间片分配、就绪队列以及优先级控制等方法，在保证各虚拟机基本运行需求的同时，兼顾实时性与整体吞吐量。

与 CPU 虚拟化相辅相成的是内存虚拟化，它直接影响虚拟机的访问速度和系统稳定性。为了使 Guest OS"认为"自己拥有独立的物理内存区域，Hypervisor 一般采用影子页表或者硬件扩展页表（如 Intel EPT、AMD RVI）的方式对 Guest OS 的内存访问进行重映射。在硬件级或软件级维护虚拟地址到物理地址的映射关系，能减少 Guest OS 对内存访问时的额外开销，并在必要时动态调整内存分配，以便满足虚拟机的实时需求。类似地，I/O 虚拟化借助设备模拟、直通或特定的半虚拟化驱动，将底层存储、网络、USB 等外部设备抽象为虚拟机可识别的标准接口，让不同 Guest OS 都能够进行读取与写入操作。同时，Hypervisor 可以通过权限管理避免越权访问或设备冲突。部分虚拟化方案在 I/O 层面采用合作式模式，让 Guest OS 使用特定的半虚拟化驱动，从而显著降低陷入开销，提升 I/O 性能。

在网络层面，Hypervisor 会通过内部的虚拟交换机（vSwitch）或相关网络虚拟化组件将虚拟机的虚拟网络接口（vNIC）与物理网卡或上层网络进行灵活对接。虚拟交换机可以模拟传统二层网络设备，为虚拟机提供相互通信或对外访问的能力，并能通过虚拟端口配置 ACL、VLAN 等安全策略。随着大规模云数据中心对流量调度和多租户隔离需求的不断增加，业界也发展出了如 Open vSwitch（OVS）等功能更丰富的开源虚拟交换机方案。它不仅支持基于 SDN 的控制平面,还能与其他安全组件配合,对东西向流量进行更加精细的可视化与分段管理。从架构角度看,虚拟网络能够帮助云平台实现对流量的集中化管控与多租户隔离,而虚拟交换机、虚拟路由器以及网络虚拟化协议的成熟发展,为构建安全、弹性且可维护的云环境提供了坚实的底层保障。

在这一系列管理与调度的过程中,Hypervisor 扮演了资源"调度员"和"安全防护者"的双重角色。只有在 CPU、内存、I/O 和网络层面实现完善的虚拟化抽象与合理调度,才能保证应用在云环境中运行时获得充足的资源支持,同时在系统层面有效隔离潜在的安全威胁。

6.2.3　虚拟机 / 容器创建与配置

下面给出一些示例脚本和命令行来演示如何使用 KVM、VirtualBox 与 Docker 创建或配置虚拟机 / 容器,并通过 Cgroups、Namespaces 等机制进行资源及权限管控。

1. 使用 KVM 创建虚拟机

KVM 是一种用于 Linux 内核中的虚拟化技术,通过向 Linux 内核中添加虚拟化功能模块,使 Linux 系统可以作为 Hypervisor 创建和运行多个虚拟机实例,多数情况下搭配 libvirt、QEMU 等使用。

(1)环境准备:

```bash
# 以 Debian/Ubuntu 为例,安装 KVM 及相关工具
sudo apt-get update
sudo apt-get install -y qemu-kvm libvirt-daemon-
system libvirt-clients bridge-utils virtinst

# 启动 libvirtd 服务
```

```
sudo systemctl enable libvirtd
sudo systemctl start libvirtd
```

（2）使用 virt-install 快速创建虚拟机。以创建一台基于 Ubuntu ISO 的虚拟机为例：

```bash
bash
sudo virt-install \
  --name ubuntu-test \
  --memory 2048 \
  --vcpus 2 \
  --disk path=/var/lib/libvirt/images/ubuntu-test.img,size=10 \
  --cdrom /home/user/iso/ubuntu-20.04.1-live-server-amd64.iso \
  --network bridge=br0 \
  --graphics vnc,listen=0.0.0.0
```

参数说明：

--name：用于指定虚拟机的名称。

--memory：设置虚拟机的内存大小，单位为 MB。

--vcpus：配置虚拟机的 CPU 核心数。

--disk：进行磁盘配置，可指定磁盘文件的路径、大小、格式等信息。

--cdrom：指定 ISO 安装镜像的位置。

--network：用于网络桥接或虚拟网卡的配置。

--graphics：设置图形化选项。

安装过程中可通过 VNC 或 SPICE 等方式连接至虚拟机图形安装界面。

若只想使用命令行安装，可根据需要做相应调整。

（3）常见管理命令：

```bash
bash
# 查看当前所有虚拟机列表
virsh list --all

# 启动 / 停止虚拟机
virsh start ubuntu-test
virsh shutdown ubuntu-test

# 删除虚拟机
virsh destroy ubuntu-test
virsh undefine ubuntu-test

# 编辑虚拟机 xml 配置
virsh edit test-vm

# 快照管理
virsh snapshot-create-as ubuntu-test snap1 "First
snapshot"
virsh snapshot-list ubuntu-test
virsh snapshot-revert ubuntu-test snap1
```

2. 使用 VirtualBox 创建和配置虚拟机

KVM、VirtualBox 属于系统层虚拟化，创建的虚拟机拥有完整的操作系统实例。

VirtualBox 提供的 VBoxManage 命令行工具可完整操控虚拟机生命

周期。

```bash
# 创建一台名为 MyVM 的空虚拟机
VBoxManage createvm --name MyVM --ostype Ubuntu_64
--register


# 创建虚拟硬盘（VDI 格式，大小 10GB）
VBoxManage createhd --filename ~/VirtualBox\ VMs/
MyVM/MyVM.vdi --size 10240


# 创建 SATA 控制器并附加硬盘
VBoxManage storagectl MyVM --name "SATA
Controller" --add sata --controller IntelAhci
VBoxManage storageattach MyVM --storagectl "SATA
Controller" --port 0 --device 0 \
    --type hdd --medium ~/VirtualBox\ VMs/MyVM/
MyVM.vdi


# 附加 ISO（用于安装系统）
VBoxManage storageattach MyVM --storagectl "SATA
Controller" --port 1 --device 0 \
  --type dvddrive --medium /path/to/UbuntuServer.
iso


# 设置内存和网络
VBoxManage modifyvm MyVM --memory 2048 --cpus 2
```

```
VBoxManage modifyvm MyVM --nic1 nat

# 启动虚拟机
VBoxManage startvm MyVM --type headless
```

关键点解析：

①通过 createvm 设置创建虚拟机时需要的配置信息。

②利用 createhd 创建虚拟磁盘文件。

③借助 storagectl 和 storageattach 管理磁盘控制器和附加介质。

④利用 modifyvm 调整虚拟机的内存、CPU、网络等硬件属性。

⑤使用 startvm 启动虚拟机，如果加上 --type headless 参数，虚拟机就会在后台运行，不会弹出图形界面。

3. 使用 Docker 创建容器

Docker 是操作系统层虚拟化（容器），通过 Namespaces、Cgroups 与 Linux Capabilities 等内核特性进行轻量级隔离。

（1）Docker 基本容器运行：

```
bash
# 以官方 Ubuntu 镜像为例
docker run -it --name my-ubuntu ubuntu:latest /
bin/bash
```

参数说明：

--name my-ubuntu：指定容器名称。

-it：用于获取一个交互式的命令行。

（2）Docker Capabilities 限制。在 Linux 内核中，Namespaces 用于隔离进程视图（如 PID、NET、MNT、UTS 等），Capabilities 用于细粒度控制进程权限。Docker 默认容器具备一些常见能力机制（如 CAP_

CHOWN、CAP_NET_RAW 等），可以通过 --cap-drop 删除某些权限，或通过 --cap-add 增加权限。

```bash
# 启动容器并移除指定能力，如 NET_RAW、SYS_ADMIN 等
docker run -it --rm \
  --cap-drop NET_RAW \
  --cap-drop SYS_ADMIN \
  ubuntu:latest /bin/bash
```

运行后，此容器将不再允许使用原始套接字、挂载文件系统这些特权操作，以增强安全隔离。

（3）控制容器资源配额。Cgroups（Control Groups）可以限制容器使用的 CPU、内存、IO 等。Docker 在 run 命令中直接提供参数对接 cgroups：

```bash
# 限制容器只能使用 1 核 CPU、512MB 内存
docker run -it --name resource-limited \
  --cpus="1" \
  --memory="512m" \
  ubuntu:latest /bin/bash
```

参数说明：

--cpus="1"：相当于为容器分配了 1 个 CPU 核心份额。

--memory="512m"：限制内存上限为 512 MB。

在后台，Docker 会为该容器创建相应的 cgroup，写入资源限制参数，如 /sys/fs/cgroup/cpu/...、/sys/fs/cgroup/memory/... 等。也可以通过宿主机查看对应容器 cgroup 路径下的文件，或使用 dockerexec 进入容器并观察

/sys/fs/cgroup 的挂载信息。但多数场景 Docker 都做了封装，因此无须手动操作。

4.Linux Namespaces

除了使用 Docker，还可以直接在宿主机通过 unshare 命令创建新的 Namespaces。比如，只隔离网络和进程空间：

```bash
bash
# 只隔离网络、PID namespace
sudo unshare --net --pid --fork /bin/bash


# 在新 Bash 中会发现网络设备、PID 号与宿主机隔离
# 可在该 shell 内使用 ip link,ps aux 等查看差异
```

参数说明：

--net：开启单独的网络命名空间。

--pid：开启单独的进程命名空间。

--fork：在新 namespace 中启动一个新的进程（/bin/bash），避免覆盖父进程。

这是容器技术的底层原理之一，利用 Linux Namespaces+Cgroups+Union FS 等机制，将进程、网络、文件系统等隔离开来，实现轻量级虚拟化，即便不使用容器运行时也可以体验到隔离效果。

6.3　虚拟化平台的安全机制

6.3.1　Hypervisor 层的安全保护

Hypervisor 作为虚拟化环境的核心执行层，不仅负责资源调度和管理，还决定着虚拟化平台的整体安全性。由于 Hypervisor 直接掌控对处理器、内存以及 I/O 设备的访问，因此任何在这一层发生的安全漏洞都会对上层虚拟机或容器造成重大影响。因此，在构建云计算平台时，首先要对 Hypervisor 本身的漏洞、补丁以及潜在攻击方式保持高度警惕，并针对可能出现的 Hypervisor 逃逸风险采取有针对性的防御措施。

随着云计算的普及，Hypervisor 成为攻击者眼中的"价值高地"，这是因为它只要出现可被利用的安全缺陷，便可能使攻击者在未经授权的情况下获取底层访问权限，继而威胁所有运行在该 Hypervisor 上的虚拟机或容器。对于运营方或企业而言，除了积极监测社区公告和安全通告，及时跟进 Hypervisor 官方或第三方提供的补丁更新外，还需要将漏洞管理纳入其整体运维与合规体系。通过周期性的漏洞扫描和渗透测试，可以尽早发现可能存在的脆弱点，结合安全基线检查和日志审计，实现对 Hypervisor 的持续安全监控。同时，在打补丁或更新版本时必须做好变更管理，提前进行测试与评估，以免在修复漏洞的过程中引入新的安全隐患或兼容性问题。

比起常规的软件漏洞，Hypervisor 逃逸攻击更具威胁性和隐蔽性。一旦攻击成功，攻击者不仅能窃取或破坏邻近虚拟机的信息，还有机会进一步操控物理机资源，这将给数据中心的整体安全带来灾难性后果。防范 Hypervisor 逃逸需要多管齐下：第一，要定期更新 Hypervisor 及其相关驱动和固件，堵住已知的漏洞通道；第二，在设计云平台时要强化对虚拟机之间网络流量和管理平面的严格隔离，并尽可能启用安全增强技术（如硬件层面的虚拟化扩展和可信执行环境），从而减少攻击者跨越特权边界的机会；第三，对于运行在虚拟机或容器中的应用，应进行最小权限配置和进程隔离，避免赋予高危操作或 Root 级权限，以免在发生逃逸时损失进一步扩大。

在实际的部署场景中，Hypervisor 层的安全防护还应当与其他安全策略有效联动，如在云管理平台上配置严格的访问控制和多因素认证，杜绝管理员账号或 API 密钥的滥用；在大型数据中心中则可以结合安全分段与微分段策略，将不同信任级别的虚拟机分配至彼此隔离的网络区域，并通过虚拟交换机或 SDN 层配置更精细的安全策略。如果再叠加上集中日志与告警系统，那么当有人尝试利用 Hypervisor 漏洞进行探测或逃逸攻击时，运营团队就能及时获取异常信号，并实施紧急响应与事后追踪。

只有把 Hypervisor 漏洞管理、逃逸攻击防护和云平台安全架构紧密结合起来，才能真正构建起稳固的虚拟化安全防线。通过完善的漏洞发现与补丁机制、防逃逸策略以及多层次的网络与权限隔离设计，云计算平台能在满足弹性扩容和灵活部署需求的同时，确保关键业务和数据安全不因 Hypervisor 层面的问题而暴露在严重风险之下。

6.3.2　虚拟机监控与隔离

在多租户云环境中，每一台虚拟机都是资源分配和业务运行的基本单元，由于不同租户、不同业务可能存在各自的应用需求与敏感数据，一旦安全边界被突破或发生横向渗透，便会造成严重的连带风险。因此，虚拟机监控与隔离策略需要在网络、系统和管理层面多方协同，这样才能在实现快速部署和灵活伸缩的同时，维持对不同虚拟机间可信边界的严密管控。

在网络层面，虚拟机间的隔离需要依赖虚拟交换机、网络安全组与防火墙策略的结合使用。虚拟交换机能在二层网络层面为虚拟机提供端口映射和数据转发功能，还可以利用 VLAN 或 VXLAN 等技术进一步划分不同信任级别或不同业务区域，阻断租户间的直接访问通路。基于安全组的配置通常在三层或七层协议层面限制特定端口和流量方向，使虚拟机只能与被授权的主机或服务进行通信。当网络流量进入云平台或在不同业务域之间流动时，还可借助微分段技术按照最小权限原则管控流量路径，进一步降低横向扩散的风险。对于有高等级安全需求的场景，结合 IDS/IPS 等手段可以在流量层面及时识别和拦截异常行为，最大限度地避免跨虚拟机或跨租户的攻击。

从系统与管理视角来看，云管理平台不仅负责虚拟机的创建、销毁与资源分配，还提供统一的监控与日志分析功能，用于捕捉虚拟机在运行过程中的关键事件和可疑操作。通过实时监控 CPU、内存与网络利用率，云管理平台可以迅速定位到资源使用异常激增、网络流量异常暴增等可能的安全风险，从而能帮助运营团队及时采取应对措施，如在检测到某个虚拟机遭受分布式拒绝服务攻击时，快速调整带宽或切换到隔离区以遏制影响扩散。此外，云管理平台还会整合日志集中化与审计功能，详细记录虚拟机每次的启动、重启、快照创建以及网络访问行为等关键事件。当某些操作与系统基线或安全策略不符时，云管理平台会及时发出警告，提醒管理员采取进一步排查或阻断措施。

为了实现虚拟机隔离策略与监控之间的联动，需要将网络安全组设置、虚拟交换机规则以及云管理平台的监控策略统一纳入一体化的安全治理框架中。在这一框架下，安全组策略的变更需要同时触发日志记录和规则审计，以保证每次策略调整都经过严格审批并留下可追溯的"操作痕迹"；虚拟交换机的端口动态开闭能立即触发云管理平台的通知机制，提醒运维人员评估对其他虚拟机或租户环境的潜在影响。一旦发现某些虚拟机存在异常网络连接或进程行为，管理平台就可以配合自动化编排脚本执行隔离或封禁操作，在第一时间消除威胁或将其限制在最小影响范围内。

在多层次的安全机制共同作用下，虚拟机间能够形成稳固的相互隔离壁垒，既能满足高并发、大规模部署的需求，又不会因相邻虚拟机的漏洞或恶意程序而轻易受到波及。这样的设计理念既适用于公有云环境，也适用于私有云或混合云，不仅对单一企业的 IT 运维与管理效率具有重要意义，也能在更广泛的云生态中为保护用户数据和关键业务系统提供坚实可靠的安全保障。

6.4 虚拟化与云计算

云计算之所以能在近些年迅猛发展，很大程度上得益于虚拟化技术的成熟与普及。借助虚拟化，云平台能灵活地在物理资源与应用负载之间搭建抽象层，将底层硬件的复杂性对用户屏蔽，进而提升资源的利用率与安全管理能力。尤其是在多租户环境下，通过虚拟化对不同用户和业务进行隔离，再配合自动化的管理编排工具，云平台的弹性与可用性能得到大幅增强。

云计算平台对外提供的核心价值为资源弹性伸缩与高可用性。在传统的 IT 架构下，企业需要一次性采购并安装相对固定的硬件，在互联网时代，这种做法已经难以及时应对业务量的波峰波谷变化，容易出现资源长期闲置或临时短缺的问题。虚拟化则能够让多台物理服务器的 CPU、内存和存储等资源实现集中化管理和灵活调用，若某个租户或应用在某一时刻突然需要额外资源，云平台便可在后台自动创建新的虚拟机或容器实例，并分配适当的网络带宽和存储空间；当需求减少时，也可以将不再使用的虚拟实例释放出来，从而实现资源按需分配与弹性伸缩。此外，虚拟化也能为故障恢复和冗余备份提供便利，若某台服务器出现硬件故障，云平台可将其上的虚拟机快速迁移到其他健康的物理节点上，确保业务不会因个别节点的故障而长时间中断，大大提高了整体服务的可用性和稳定性。

从另一个层面来说，虚拟化实现的多租户共享与资源隔离大大加强了安全性与灵活性。在公有云或大型企业私有云环境中，硬件资源需要同时为多个客户或多个业务部门服务，如何确保不同租户或不同业务系统之间互不干扰，既不共享数据，又能独立调度自己所需的资源，是云计算提供商必须解决的核心问题。通过虚拟化划分或容器化隔离，不同租户可以在同一台物理服务器上运行多个虚拟机或容器实例，彼此之间的运行环境和数据存储不会互相干扰。Hypervisor 和云管理平台共同负责对虚拟网络、安全组、访问控制策略以及计费等环节进行细粒度管理，并在必要时对各虚拟机之间的流量做微分段或规则限制。再加上对镜像、快照和监控日志等方面的统一化管理，能大幅降低租户之间信息互窜或资源争抢的风险。对于云提供商而言，这样的多租户共享模式能最大化提高硬件资源利用率，也能将运维管理集中化并降低成本；对于企业客户而言，既能享受弹性伸缩带来的灵活性，又能在一定程度上避免高昂的自建机房投入，从而将更多精力投入到业务创新与应用开发上。

6.5　虚拟化隔离技术与安全漏洞防护

6.5.1　虚拟机间隔离技术

有效的隔离策略可以将潜在风险控制在最小范围内，避免因个别虚拟机或容器遭受攻击而导致整个平台出现类似"池塘效应"式的威胁蔓延。其中，安全区域划分与网络 ACL 是构建此类隔离机制的常用手段。

在安全区域划分方面，云平台会根据不同租户的等级或业务的敏感度，将虚拟机分配到相应的安全域或区域。每个区域拥有相对独立的网络配置、访问策略以及日志监控机制，并且只允许同级或经过授权的其他区域在特定端口或协议层级进行互通。这样不仅可以满足多租户对资源使用的弹性需求，还能在发生安全事件时迅速将影响范围限定在一个或少数几个区域之内，从而为运营团队争取到及时止损和隔离溯源的空间。对于金融业务、个人隐私数据或高价值研发环境等对安全等级有更高要求的场景，运营方往往会启用更加严格的访问制度，甚至采用双向认证和密钥交换的方式来进一步强化区域边界。

与安全区域划分密切相关的是网络 ACL 的应用。网络 ACL 通常在三层或四层协议层面发挥作用，它通过明确的规则集合来决定哪些源 IP、目标 IP 或端口号之间允许通过数据流，哪些必须被阻断或记录。当虚拟机之间需要跨区域通信时，管理员便可在虚拟交换机或云管理平台的安全组配置中建立相应的访问规则，以确保只有合法且必要的流量才能通过。相比传统的数据中心，网络 ACL 结合了虚拟路由器、虚拟防火墙以及微分段等技术，使网络隔离策略能随着业务变化而灵活调整。这种以软件定义的方式管理访问规则，既能够为运维人员提供远程集中化配置和自动化部署的便利，还能根据监控与审计结果及时更新 ACL 策略，从而更敏捷地应对潜在威胁。

在实践层面，虚拟机间隔离需要与其他安全机制协同工作，如对操作系统与应用进行最小权限配置、对镜像与快照进行完整性验证，以及对容器或虚拟机本身的进程活动进行监控等。当监控系统发现某台虚拟机存在异常端口暴露或异常流量增长时，网络 ACL 能够迅速通过收紧访问规则的方式进行"微隔离"，从而降低攻击扩大化的可能性。再配合审计日志和告警系统，管理员在察觉到告警信号后即可将受影响的虚拟机暂时从常规生产环境中隔离出来，以便进一步调查或进行镜像回滚。

6.5.2 虚拟化环境下的安全漏洞防护

在云计算与虚拟化技术的高度耦合场景下，一旦出现安全漏洞，往往会对整个平台乃至上层业务带来连锁冲击。因此，在虚拟化环境中构建完善的漏洞检测与补丁更新机制，以及建立成熟的应急响应与事后审计流程便成为必然之举。

1. 漏洞检测与补丁更新机制

虚拟化环境中，常见的漏洞分布在多个层面，包括 Hypervisor、宿主操作系统内核、虚拟机操作系统以及容器运行时等，运营方或安全团队需要定期对这些关键组件进行漏洞扫描与风险评估，以确保能够及时发现可被利用的隐患。具体操作需要结合自动化扫描工具与人工渗透测试手段，并重点排查主流安全数据库或厂商公告中列出的高危漏洞。对于企业内部的大型云平台而言，还可以在 CI/CD 管道中设置专门的安全检测环节，让代码与容器镜像在上线前就接受多层面的安全审查。

发现漏洞后，尽快应用补丁、升级版本是降低风险最直接且最有效的途径。然而，由于云平台中的组件和虚拟机数量多、种类繁杂，在考虑补丁更新机制时必须在效率与稳定性之间找到平衡。云管理平台应具备批量更新和滚动升级的能力，让系统能够针对关键漏洞进行快速修复，同时避免对所有虚拟机或容器一刀切地强制更新，否则可能导致正在运行的业务出现大范围中断。使用蓝绿部署或者金丝雀发布等策略可以将更新影响控制在可控范围内，在对补丁效果进行观察与验证后再逐步推广到更多节点才是更稳妥的做法。此外，为了消除某些特殊业务场景对补丁兼容性的顾虑，在更新之前必须进行充分的测试和风险评估，并保留必要的应急回退机制。

2. 漏洞应急响应与事后审计

即便做好了漏洞检测与补丁管理，一些未知漏洞仍然是虚拟化平台难以回避的安全挑战。因此，云平台同样需要一套成熟的漏洞应急响应机制。平台在设计阶段就应明确应急响应的触发条件、角色分工和处置流程，并通过自动化策略快速识别、隔离、关闭或修补受影响的虚拟机。当安全监控系统检测到虚拟机行为异常，或收到外部安全通报时，应急团队需要根据预案迅速研判影响范围，并利用虚拟化的弹性特性，如热迁移、快照回滚或将高风险虚拟机转移到隔离区等，来止损和分割风险。同时，应急响应需要充足的日志与信息支撑，以便在突发情况下迅速定位根源，并判断是否存在横向扩散或深度渗透的可能。

通过回溯日志、流量以及虚拟机的配置变更记录这些事后审计，安全团队能够了解攻击过程、评估漏洞的真实危害，并及时优化现有防护策略与运维流程。若审计结果发现是某些安全基线缺失或管理疏漏导致漏洞得以被利用，就需要在云管理平台或虚拟机层面补充或强化相应的安全措施；若发现是内部人员越权操作或监控缺失，也应采取组织管理或权限收紧等措施，从根本上减少重复出现类似风险的可能性。除此之外，审计报告还可作为后续安全演练和合规要求的核心依据，帮助运营团队在云环境里形成持续改进与不断完善的闭环。

虚拟化环境下的安全漏洞防护并非孤立的技术环节，而是涉及多阶段的协同作业。将这些环节有机整合到云管理与运维体系中，并辅以完善的监控与自动化策略，就能在快速迭代的云计算生态里持续有效地遏制安全威胁。

下面将集中展示如何在虚拟化平台（如 OpenStack、oVirt、Virsh、VBoxManage）上通过脚本方式配置安全策略，以及 Docker、Kubernetes 下的安全最佳实践（如 PodSecurityPolicy、NetworkPolicy 等 YAML 配置示例）。

6.5.3　在虚拟化平台中配置安全策略

OpenStack、oVirt、Virsh、VBoxManage 等工具都支持通过命令行脚本配置 VM 的网络、安全组、镜像模板、访问控制等，并且可以结合主机层的 SELinux、AppArmor、Seccomp 机制对虚拟机进一步加固，实现更强的隔离。

1.OpenStack 命令行脚本示例

OpenStack 提供统一的命令行工具 openstack 及各组件（如 Nova、Neutron、Cinder 等）的安全相关操作。以下示例将演示如何通过这些命令行工具对虚拟机进行安全组设置、网络隔离等操作。

创建安全组并添加规则：

```bash
# 1.创建安全组
openstack security group create secure-sg
--description "Security group for restricted VM"

# 2.添加入站规则，仅允许 SSH(22) 和 ICMP(ping)
openstack security group rule create --proto tcp
--dst-port 22 secure-sg
```

```
openstack security group rule create --proto icmp
secure-sg

# 不添加其他端口 => 默认拒绝所有未显式允许的流量
```

启动一台虚拟机并使用该安全组：

```bash
bash
# 通过 openstack CLI 启动一台基于 Ubuntu 镜像的云主机
openstack server create \
    --image Ubuntu-20.04 \
    --flavor m1.small \
    --network private-net \
    --security-group secure-sg \
    --key-name mykey \
    restricted-vm
```

此时，restricted-vm 虚拟机只允许 SSH 和 ping 入站，其余端口被默认拒绝。

2.oVirt 虚拟化环境中的脚本示例

oVirt 提供 ovirt-engine-cli 或 REST API 方式进行管理。下面以 ovirt-shell 的 CLI 命令为例（部分是伪代码示例，实际情况根据 oVirt 版本而定）进行介绍。

```bash
bash
# 登录 oVirt Engine
ovirt-shell -c -l https://ovirt-engine.example.
com/api -u admin@internal -p secret
```

```
# 创建一个名为 secure-template 的虚拟机模板（假设已存
在一个基础 VM）
create template --name=secure-template --vm-id=123
--cluster-name=Default

# 基于 secure-template 创建虚拟机
create vm --name=secure-vm --cluster-name=Default
--template-name=secure-template

# 绑定特定网络、安全策略（不同版本 oVirt 命令会有所差异）
update vm secure-vm --nic nic1 --network-
name=secure-net
update vm secure-vm --cpu_shares=512  # （示例：控
制 CPU 使用）
```

在 oVirt 中还可配置 MAC 地址池、隔离型网络或使用 sR-IOV 提高
网络安全与性能，具体需根据企业需求进一步编写脚本。

3.Virsh、VBoxManage **配置安全策略示例**

（1）使用 Virsh 配置虚拟机安全策略（libvirt AppArmor/SELinux）。
借助 libvirt 可以将 AppArmor 或 SELinux 集成进来，对虚拟机进行更细
粒度的限制。以下是一个修改虚拟机 XML 并启用 AppArmor 配置的思路
示例：

```bash
bash
# 编辑 VM 的 XML 配置（以 test-vm 为例）
virsh edit test-vm

# 在 <domain> 中可能有类似：
```

```
# <seccomp ...> / <apparmor ...>
# <metadata ...>


# 手动插入或修改：
# <apparmor>enforce</apparmor>
# <seccomp>...</seccomp>
# 保存退出


# 重启虚拟机后，AppArmor/Seccomp 策略开始生效
virsh shutdown test-vm
virsh start test-vm
```

（2）VirtualBox VBoxManage：

```
bash
# 可以通过 VBoxManage 对 USB、共享文件夹、网络进行限制
# 如禁用 USB 设备
VBoxManage modifyvm MyVM --usb off


# 把网卡设置为仅主机模式 (host-only)，避免对外暴露
VBoxManage modifyvm MyVM --nic1 hostonly
```

这些配置配合主机操作系统的防火墙或访问控制可进一步提升虚拟机的隔离度与安全性。

6.5.4 Docker、Kubernetes 安全最佳实践示例

在 Docker 层面，可以通过 --cap-drop、--read-only、--user 等参数限制容器的权限和可写路径；在 Kubernetes 层面，则可以结合 PodSecurityPolicy（或 Pod Security Admission、Gatekeeper）限制容器的

特权、用户 ID，并使用 NetworkPolicy 实现网络访问控制。

无论是硬件级虚拟机还是容器级轻量虚拟化，都需要关注对宿主机资源（如 CPU、内存、网络、磁盘等）的访问和授权情况，避免超出预期引发安全风险。定期升级虚拟化软件，及时打补丁，配合日志审计与监控，能有效降低潜在漏洞被攻击的风险。

1. 使用 dockerrun 限制特权

```bash
bash
# 1. 禁止特权模式，严格控制 Linux Capabilities
docker run -it --rm \
  --cap-drop ALL \
  --cap-add AUDIT_WRITE \
  ubuntu:latest /bin/bash

# 2. 只读文件系统
docker run -d \
  --read-only \
  --tmpfs /run \
  --tmpfs /tmp \
  nginx:alpine
```

其中，--cap-drop ALL 指令的意思是先去除所有默认能力，之后再根据需要添加最小权限；--read-only 指令则是将容器根文件系统挂载为只读，这样可以减少篡改风险。

2.Kubernetes PodSecurityPolicy（PSP）示例

从 Kubernetes1.25 开始，PodSecurityPolicy 已被废弃，因此，在实际场景中建议使用 Pod Security Admission 或 Gatekeeper/OPA 来实现类似的功能。此处为了方便展示，仍以 PSP 为例进行说明。

```yaml
yaml
apiVersion: policy/v1beta1
kind: PodSecurityPolicy
metadata:
  name: restricted-psp
spec:
  privileged: false
  allowPrivilegeEscalation: false
  runAsUser:
    rule: MustRunAsNonRoot
  seLinux:
    rule: RunAsAny
  fsGroup:
    rule: MustRunAs
    ranges:
    - min: 2000
      max: 2000
  volumes:
    - 'configMap'
    - 'emptyDir'
    - 'projected'
    - 'secret'
    - 'downwardAPI'
  hostNetwork: false
  hostIPC: false
  hostPID: false
```

该 PSP 要求：

（1）禁止 privileged 容器。

（2）不允许权限提升（allowPrivilegeEscalation:false）。

（3）runAsUser 必须是非 root 用户。

（4）限制可用的卷类型，禁止宿主机目录挂载（hostPath）等风险较高的操作。

要想使这些策略在调度时生效，需通过 RBAC 将该 PSP 赋予某些 ServiceAccount 或命名空间。

3.Kubernetes NetworkPolicy 示例

NetworkPolicy 多用于在集群内部实现细粒度的网络隔离，下面的示例将实现仅允许带有指定标签的 Pod 访问 DB 服务。

```yaml
apiVersion: networking.k8s.io/v1
kind: NetworkPolicy
metadata:
  name: db-netpol
  namespace: production
spec:
  podSelector:
    matchLabels:
      app: database
  policyTypes:
    - Ingress
  ingress:
    - from:
      - podSelector:
```

```
        matchLabels:
            role: backend
    ports:
    - protocol: TCP
      port: 5432
```

该策略应用于 production 命名空间中，在此空间中，有一些带有 app=database 的标签 Pod。这个策略规定，只有来自 role=backend 的 Pod 才可以通过 TCP 5432 端口访问这些数据库 Pod，所有其他 Pod 或 IP 的访问请求均会被拒绝。

第7章 智能防火墙技术及其应用策略

7.1 智能防火墙的基本原理与特点

在传统防火墙向新一代防火墙演进的过程中，随着应用层检测和用户行为识别等功能的不断丰富，高效过滤海量网络流量并及时识别潜在威胁已成为安全领域的核心诉求。

7.1.1 流量分析、机器学习与异常检测

智能防火墙采用人工智能驱动的自动化算法，在对海量网络流量进行精细化分析以及及时识别异常行为方面具有显著优势。系统会实时收集并解析网络各层次的流量特征，将协议类型、流量大小、连接频率及其他元数据通过特征工程和数据预处理转化为可被机器学习算法识别的结构化信息。然后，分类算法或聚类算法会据此识别出正常流量模式与异常流量模式之间的细微差别，使防火墙能自行处理一些棘手的问题。

以零日威胁为例，智能防火墙能借助机器学习算法，从流量的行为特征和历史数据中挖掘可疑模式，对潜在异常行为进行预警或拦截。此外，深度学习在图像识别和自然语言处理领域取得的突破也为安全领域提供了新的思路，防火墙可以利用深度神经网络捕捉常规规则无法覆盖的流量细节，从而在应对混淆和加密流量时具备更高的准确性和灵活性。

智能防火墙中的异常检测不仅针对恶意流量本身，还会结合网络通信的时序特征、用户访问习惯和地理位置等多维度信息，综合判断是否存在对网络安全和系统完整性的潜在威胁。借助机器学习模型的自适应能力，异常检测机制能随着环境的变化"学习"出新的基线行为，及时识别不断演变的高级持续性威胁（APT）或其他变种攻击。与传统基于黑白名单或静态规则的防火墙相比，智能防火墙的主动学习能力显著增强了其应对复杂攻击场景的敏捷性与可靠性。

7.1.2　策略动态调整与威胁情报联动

随着网络攻击与防护技术手段的持续迭代升级，安全策略的更新频率也随之提高，如果只依赖人工编写，并逐台设备手动更新策略，显然无法满足快速响应的实际需求。在此情形下，智能防火墙模型只要检测到可疑行为，就可基于实时分析结果自动生成新的防护策略，并依据严重程度和上下文信息将其分发到对应的安全设备或业务节点。通过这种动态策略的迅速落地，系统能在攻击者尚未彻底完成渗透之前便及时进行拦截或阻断，从而大幅度缩短了从"发现风险"到"执行防御"之间的空窗期。

威胁情报联动为智能防火墙提供了更广泛的数据支撑和更准确的威胁识别依据。在传统的安全架构中，企业只能依靠本地日志与规则识别威胁，防护策略的滞后性使其在面对全球范围内的最新攻击手段时常常陷入被动局面。而智能防火墙与威胁情报平台或第三方情报源实现对接后，能让企业在第一时间获取前沿的攻击趋势、APT组织的行为模式，乃至最新的黑客工具情报。一旦情报系统发现某些 IP 或域名存在明显的攻击意图或历史劣迹，便可将相应信息推送到智能防火墙，让其迅速更新黑名单或自动生成防护策略。同时，防火墙也可以反向将监测到的攻击特征、哈希值或可疑活动标记回传至威胁情报中心，为行业或其他用户提供更完整的威胁场景信息，进一步拓展协同防御的广度与深度。

7.2 基于 AI 的防火墙策略优化

7.2.1 人工智能／机器学习异常检测

人工智能／机器学习（Artificial Intelligencem, AI；Machine Learning, ML）异常检测示例旨在使用 Python 对网络流量特征进行分类或聚类，以此演示如何利用简单的机器学习方法侦测可疑流量。

下面通过 Python+scikit-learn 的方式对网络流量特征展开分类和聚类分析，利用机器学习方法侦测可疑流量。假设示例数据包含 src_ip，dst_ip，bytes_sent，packets，duration，label 等字段。

1. 分类模型简易训练流程

在实际生产中，特征提取和标签获取是不可或缺的环节，此处仅演示大致的算法与流程。

```python
python
# ai_firewall_anomaly.py
import pandas as pd
from sklearn.model_selection import train_test_
split
from sklearn.ensemble import RandomForestClassifier

def load_data(csv_path="netflow_data.csv"):
```

```
    """
    假设 CSV 里包含列：
    src_ip,dst_ip,bytes_
sent,packets,duration,label(0 正常 /1 异常 )
    也可能有其他特征，视实际情况而定
    """
    df = pd.read_csv(csv_path)
    # 仅示例取若干数值特征
    features = ["bytes_sent", "packets", "duration"]
    X = df[features]
    y = df["label"]
    return X, y


def train_model(X, y):
    # 简单做一个训练 / 测试拆分
    X_train, X_test, y_train, y_test = train_test_
split(X, y, test_size=0.2, random_state=42)


    # 选用随机森林做分类
    clf = RandomForestClassifier(n_estimators=100,
random_state=42)
    clf.fit(X_train, y_train)


    # 评估一下
    score = clf.score(X_test, y_test)
    print(f"RandomForest Accuracy on test data:
{score*100:.2f}%")
```

```
    return clf


if __name__ == "__main__":
    X, y = load_data("netflow_data.csv")
    model = train_model(X, y)
    # 后续可将 model 保存，并在防火墙策略逻辑中引用做实
时检测
```

流程整理：

（1）数据准备：netflow_data.csv 里应事先提取或标注流量的特征与标签。

（2）模型训练：本示例使用随机森林算法 RandomForestClassifier 进行二分类（正常 / 异常）训练，也可用无监督聚类（如 KMeans）对未知流量做聚类分析。

（3）后续集成：训练好的模型可集成至实时检测系统中，对新流量特征执行 predict 预测操作，一旦出现预测结果判定为异常，则触发防火墙策略更新或告警机制。

2. 使用 K-Means 聚类检测出离群流量

```python
# ai_firewall_clustering.py
import pandas as pd
from sklearn.cluster import KMeans
import numpy as np


def load_features(csv_path="netflow_data.csv"):
    """
```

```
    仅取示例数值特征 :bytes_sent,packets,duration
    """
    df = pd.read_csv(csv_path)
      features = ["bytes_sent", "packets",
"duration"]
    X = df[features]
    return X


def cluster_flows(X, n_clusters=2):
    kmeans = KMeans(n_clusters=n_clusters, random_
state=42)
    kmeans.fit(X)
    labels = kmeans.labels_
    return labels


if __name__ == "__main__":
    X = load_features()
    cluster_labels = cluster_flows(X, n_clusters=2)
    # 简单查看每条数据归属哪个簇
    print(cluster_labels[:50])
    # 在实际场景中有时也会对其中的小簇或离群点进行异常
标记
```

示例采用 K-Means 算法将流量分为 2 组，将与主流分布差距较大的样本标记为可疑流量。若有需要，也可以通过设置不同的 K 值来划分更多的簇。在实际应用场景中，为了提升检测效果，会结合更多特征如 TCP 标志位分布、流持续时间、协议类型等。

7.2.2　基于 Suricata/Snort 等开源 IDS 的自动更新与策略调优脚本

下面将演示一个脚本，它可以定期下载最新规则（rule sets）、合并规则并放置到 Suricata 或 Snort 目录，然后重启相应进程使规则生效。脚本则可以结合 AI 模型或策略判断对特定规则进行启用或禁用操作，从而实现"自动策略调优"。

1.Suricata 规则更新脚本示例

下面的脚本能够自动下载和更新 Suricata 规则，并重启 Suricata 服务。若要实现更智能的策略调优，可以在下载规则后对其进行解析，根据 AI/ML 判断是否注释某些规则。

```bash
#!/usr/bin/env bash
# auto_suricata_update.sh

# 配置部分
RULE_SOURCE_URL="https://rules.emergingthreats.
net/open/suricata-5.0/emerging.rules.tar.gz"
SURICATA_RULE_DIR="/etc/suricata/rules"
BACKUP_DIR="/etc/suricata/rules_backup_$(date +%F)"

echo "[+] Backing up old rules to $BACKUP_DIR"
mkdir -p "$BACKUP_DIR"
cp -r "$SURICATA_RULE_DIR"/* "$BACKUP_DIR"

echo "[+] Downloading new rules from $RULE_SOURCE_
URL"
```

```
curl -L -o /tmp/emerging.rules.tar.gz "$RULE_
SOURCE_URL"

echo "[+] Extracting rules..."
tar -xzf /tmp/emerging.rules.tar.gz -C /tmp

# 假设解压后有 'rules/' 目录
echo "[+] Copying updated rules to Suricata rule
dir..."
cp /tmp/rules/*.rules "$SURICATA_RULE_DIR/"

# 可在此处执行 AI/ML 逻辑, 针对某些 rule 进行注释 / 开启
# python3 ai_rule_optimizer.py
# --rule-dir "$SURICATA_RULE_DIR"

echo "[+] Reloading Suricata..."
# Suricata >= 2.0 可支持 --reload-rules
suricata -c /etc/suricata/suricata.yaml --af-
packet -D --reload-rules

echo "[+] Done."
```

关键点解析:

（1）RULE_SOURCE_URL 示例使用的是 EmergingThreats 提供的公开规则，实际应用中可替换成付费订阅的 URL。

（2）脚本中留了注释 "python3ai_rule_optimizer.py"，可以在这个 Python 脚本里对规则内容进行分析，然后将最终版本写回到 Suricata 目

录，如结合 ML 模型对某些误报率高的规则进行自动注释或重新分组。

（3）Suricata 支持无须停止服务而重新加载规则，但不同版本和不同运行环境可能略有差异，需根据实际情况处理。

2.Snort 规则更新以及策略优化示例

```bash
#!/usr/bin/env bash
# auto_snort_update.sh

SNORT_RULE_SOURCE="https://snort.org/downloads/
community/community-rules.tar.gz"
SNORT_RULE_DIR="/etc/snort/rules"
TMP_DIR="/tmp/snort_rules"
BACKUP_DIR="/etc/snort/rules_backup_$(date +%F)"

echo "[+] Backing up old Snort rules to $BACKUP_
DIR"
mkdir -p "$BACKUP_DIR"
cp -r "$SNORT_RULE_DIR" "$BACKUP_DIR"

echo "[+] Downloading community Snort rules..."
curl -L -o /tmp/community-rules.tar.gz "$SNORT_
RULE_SOURCE"
mkdir -p "$TMP_DIR"
tar -xzf /tmp/community-rules.tar.gz -C "$TMP_DIR"

echo "[+] Copying new rules to $SNORT_RULE_DIR"
```

```
cp "$TMP_DIR"/community-rules/* "$SNORT_RULE_DIR"/

# 示例：基于 AI 分析，自动注释误报率高的规则：
# python3 snort_ai_optimizer.py --rule-dir
"$SNORT_RULE_DIR"

echo "[+] Restarting Snort..."
systemctl restart snort

echo "[+] Done."
```

这里的流程与 Suricata 类似，都是按照备份→下载→解压→合并→AI 策略→重启 Snort 这样一个过程。snort_ai_optimizer.py 脚本可以解析 .rules 文件，过滤出（或注释掉）某些高误报规则，还能动态调整规则的优先级。

7.3　智能防火墙在云计算中的部署与应用

7.3.1　在主流云平台上部署云防火墙、下一代防火墙的配置示例

云平台原生防火墙都可通过 CLI、API 或 IaC 进行自动化管理。接下来主要演示如何在主流云平台（AWS、Azure、阿里云）上以脚本或 API 方式配置"云防火墙"以及下一代防火墙（Next Generation Firewall，NGFW）。

1.AWS 环境示例

（1）AWS WAF（Web Application Firewall）配置示例。AWS 提供 WAF 以保护 API Gateway、CloudFront、ALB 等，以下示例使用 AWSCLI 创建一个简单的 WAFv2WebACL，并添加一条 IP 规则。

```bash
bash
# 1. 创建 Web ACL( 名为 "MyWebACL"),
# 关联区域 (eg. CLOUDFRONT/REGIONAL)
aws wafv2 create-web-acl \
  --name MyWebACL \
  --scope REGIONAL \
  --default-action '{"Allow": {}}' \
  --visibility-config '{"CloudWatchMetricsEnabled":
true,"SampledRequestsEnabled":true,"MetricName":"My
```

```
WebACL"}' \
  --region us-east-1 \
  --rules '[]'
```

```bash
bash
# 2.向 Web ACL 添加一条阻断特定 IP 的规则 (Block rule)
# 需要先获取 WebACL ARN/Id,Version token,此处简化为
假设已获取
ACL_ARN="arn:aws:wafv2:us-east-
1:123456789012:regional/webacl/MyWebACL/xxxxx"
VERSION_TOKEN="XXXXXXXX-XXXX-XXXX-XXXX-XXXXXXXXXXXX"

aws wafv2 update-web-acl \
  --name MyWebACL \
  --scope REGIONAL \
  --default-action '{"Allow": {}}' \
  --visibility-config '{"CloudWatchMetricsEnabled":
true,"SampledRequestsEnabled":true,"MetricName":"My
WebACL"}' \
  --region us-east-1 \
  --lock-token $VERSION_TOKEN \
  --id $ACL_ARN \
  --rules '[
    {
      "Name":"BlockMaliciousIP",
      "Priority":1,
```

```
"Statement":{
    "IPSetReferenceStatement":{
            "ARN":"arn:aws:wafv2:us-east-
1:123456789012:regional/ipset/my-ipset/xxxx"
    }
},
"Action":{"Block":{}},
"VisibilityConfig":{"SampledRequestsEnabled":
true,"CloudWatchMetricsEnabled":true,"MetricName":"
BlockMaliciousIP"}
    }
]'
```

关键点解析：

①使用 create-web-acl 命令创建了一个空的 ACL，默认 Allow。

②使用 update-web-acl 命令在 rules 中添加了一条 "BlockMaliciousIP" 规则，这条规则会引用预先创建的 IPSet 阻断恶意 IP。

③实际使用时，若想将 ACL 关联到 ALB 或 APIGateway 上，可以执行 aws wafv2 associate-web-acl 命令来实现。

（2）AWS Network Firewall 与 Firewall Manager。对于更高级别的第三层（网络层）到第四层（传输层）的防护，可以选择使用 AWS Network Firewall 或者使用 Firewall Manager 统一管理多个账户的 WAF、Shield、NetworkFirewall 策略，有些操作需搭配 CloudFormation、Terraform 等自动化工具，这里不再赘述。

2.Azure 环境示例

Azure Firewall（托管防火墙）示例：

Azure Firewall 是一种云原生的网络级防火墙，下面使用 Azure CLI

演示怎样快速创建并配置一些简单的规则。

```bash
bash
# 登录 Azure
az login

# 创建资源组
az group create --name MyFirewallRG --location eastus

# 创建虚拟网络
az network vnet create \
  --name MyVNet \
  --resource-group MyFirewallRG \
  --address-prefixes 10.0.0.0/16 \
  --subnet-name AzureFirewallSubnet \
  --subnet-prefix 10.0.1.0/24

# 创建 Azure Firewall
az network firewall create \
  --name MyFirewall \
  --resource-group MyFirewallRG \
  --location eastus \
  --sku AZFW_VNet

# 配置防火墙 IP 和规则
FIREWALL_PUBLIC_IP=$(az network public-ip create \
  --resource-group MyFirewallRG \
```

```
    --name MyFirewallPIP \

    --sku "Standard" \

    --allocation-method static \

    --query publicIp.ipAddress -o tsv)


# 关联到 Firewall
az network firewall ip-config create \

    --firewall-name MyFirewall \

    --name FWConfig \

    --public-ip-address MyFirewallPIP \

    --resource-group MyFirewallRG \

    --vnet-name MyVNet


# 创建过滤规则 ( 示例 : 出站规则集合，允许 HTTP/HTTPS)
az network firewall network-rule create \

    --collection-name AllowWebOutbound \

    --destination-addresses '*' \

    --destination-ports 80 443 \

    --firewall-name MyFirewall \

    --name outboundWebRule \

    --protocols TCP \

    --resource-group MyFirewallRG \

    --source-addresses 10.0.1.0/24 \

    --action Allow \

    --priority 100
```

示例脚本的流程：创建资源组→创建虚拟网→创建并配置 Azure

Firewall→添加一条网络规则。Azure Firewall 同时支持应用规则（针对域名 /URL）与网络规则（IP/ 端口级别），还可以结合日志分析、威胁情报做出更高级的安全策略。

3. 阿里云环境示例

阿里云云防火墙的 API/CLI 示例：

阿里云提供"云防火墙"（云上统一安全防护）及 Aliyun CLI、SDK 进行管理。下面展示一个简化的 CLI 脚本，它实现在阿里云上对云防火墙设置访问控制策略。

```bash
bash
# 配置 Aliyun CLI
aliyun configure

# 比如添加一条访问控制策略，允许内网访问某 ECS
aliyun cloudfw CreateControlPolicy \
  --DstPort 80 \
  --DstCidr "10.XX.XX.XX/32" \
  --SrcCidr "192.168.0.0/16" \
  --AclAction "accept" \
  --Description "AllowIntranetHTTP" \
  --Proto "TCP" \
  --ApplicationName "ANY"

# 仅作示例，具体需参考 Cloud Firewall API 文档
```

关键点解析：

（1）通过 CreateControlPolicy 命令创建安全策略，在创建过程中能够指定源 IP 段、目标 IP 段、端口、协议等关键要素。

（2）可运用 ModifyControlPolicy、DeleteControlPolicy 等命令来修改或删除规则。

（3）若要实现智能防护，需启用相应高级功能（如威胁情报、自动阻断策略等），具体可通过阿里云安全控制台或 API 交互实现脚本化操作。

7.3.2　防火墙即服务（FWaaS）及与 CI/CD 的结合自动化脚本

防火墙即服务将防火墙作为一项云端服务进行弹性扩展与统一策略管理，并可与 CI/CD 深度集成，实现"策略即代码"与自动化部署。无论是通过脚本还是借助 IaC 工具（如 Terraform、Ansible），都能在云环境的防火墙资源中保持"版本化管理"与"持续集成/交付"，在保证合规与安全的同时，提升运营效率。在此基础上，可进一步引入智能分析模块（可参考 AI/ML 流量监测相关内容），实现自动规则更新、自动扩容/收敛等更高级的"智能防火墙"部署与应用。

1.Terraform/Ansible 部署 FWaaS

本部分以 Terraform 为例，展示如何在 CI/CD 流程中自动化创建和配置防火墙资源。以 AWS WAF 作为演示对象。

```hcl
# main.tf
provider "aws" {
  region = "us-east-1"
}

resource "aws_wafv2_web_acl" "my_web_acl" {
  name         = "TerraformWebACL"
```

```
  scope        = "REGIONAL"
  description = "Terraform-managed WAF"
  default_action {
    allow {}
  }
  visibility_config {
    cloudwatch_metrics_enabled = true
    metric_name                 = "TerraformWebACL"
    sampled_requests_enabled   = true
  }
  rule {
    name     = "BlockBadIP"
    priority = 1
    action {
      block {}
    }
    statement {
      ip_set_reference_statement {
        arn = aws_wafv2_ip_set.bad_ips.arn
      }
    }
    visibility_config {
      cloudwatch_metrics_enabled = true
        metric_name                          =
"BlockBadIPRule"
      sampled_requests_enabled   = true
    }
```

```
    }
}

resource "aws_wafv2_ip_set" "bad_ips" {
    name        = "BadIPsSet"
    scope       = "REGIONAL"
    description = "Bad IPs for blocking"
    ip_address_version = "IPV4"
    addresses = ["203.0.113.1/32","198.51.100.2/32"]
}

# 还可继续对接 ALB,cloudfront,etc...
```

在 CI/CD（如 GitLab CI、GitHub Actions、Jenkins 等）工具中加入以下脚本，即可在代码变更后自动执行 terraform init、terraform plan、terraform apply 这几个操作：

```yaml
# .gitlab-ci.yml
stages:
  - deploy

deploy-waf:
  stage: deploy
  script:
    - terraform init
    - terraform plan
    - terraform apply -auto-approve
```

```
only:
  - main
```

当开发者更新了 bad_ips 或添加了新的 rule 时，CI/CD 流程会自动更新应用到 AWS WAF 上，使防火墙即服务在云环境里持续交付，始终保持更新。

2.Ansible Playbook 与 NGFW *自动化示例*

若使用 Ansible 来管理某些厂商的 NGFW（如 Palo Alto Networks、Fortinet 等）并且这些厂商有 Ansible Collection/Modules，那么可以编写 playbook 进行自动化部署。下面以管理 Palo Alto Firewall 为例进行演示：

```yaml
# pan_fw.yml(Ansible playbook，仅示例伪代码）
- hosts: firewall
  gather_facts: no
  tasks:
    - name: Create address object
      panos_address_object:
        ip_address: 203.0.113.5
        name: "BadIP1"
        device_group: "shared"
        commit: false

    - name: Create security policy to block bad
IP
      panos_security_rule:
        rule_name: "Block-BadIP1"
        source: ["BadIP1"]
```

```
        destination: ["any"]
        application: ["any"]
        action: "deny"
        commit: false


  - name: Commit changes
    panos_commit_firewall:
        description: "Automated commit from
Ansible"
```

在 CI/CD 中运行 ansible-playbook pan_fw.yml -i inventory.yaml 这条命令，就能自动把安全策略更新到 NGFW 上。

第8章 云计算安全监控与事件响应策略

8.1 云安全监控系统的设计与实施

8.1.1 使用 ELK Stack 搭建安全日志收集与可视化

1.Docker Compose 快速搭建 ELK

下面用一个最小可用的 docker-compose.yml 文件通过 Docker Compose 来部署 Elasticsearch、Logstash 和 Kibana。借助此架构，能够将各类日志（如 Nginx、Syslog、应用日志等）经由 Logstash 输入到 Elasticsearch，并在 Kibana 中实现可视化和安全告警功能。

```yaml
# docker-compose.yml
version: '3'
```

```
services:
  elasticsearch:
    image: docker.elastic.co/elasticsearch/
elasticsearch:8.5.3
    container_name: elasticsearch
    environment:
      - discovery.type=single-node
      - ES_JAVA_OPTS=-Xms512m -Xmx512m
    ports:
      - "9200:9200"
    volumes:
      - esdata:/usr/share/elasticsearch/data

  logstash:
    image: docker.elastic.co/logstash/
logstash:8.5.3
    container_name: logstash
    volumes:
      - ./logstash.conf:/usr/share/logstash/
pipeline/logstash.conf:ro
    depends_on:
      - elasticsearch

  kibana:
    image: docker.elastic.co/kibana/kibana:8.5.3
    container_name: kibana
    environment:
```

```
        - ELASTICSEARCH_HOSTS=http://
elasticsearch:9200
    ports:
      - "5601:5601"
    depends_on:
      - elasticsearch

volumes:
  esdata:
```

其中，Elasticsearch 主要负责日志的存储和索引；Logstash 负责从各种来源收集日志并进行解析，然后将其写入 Elasticsearch；Kibana 则为用户提供可视化界面与仪表板。

2.Logstash *配置示例*

前文中的 docker-compose.yml 文件将 ./logstash.conf 挂载到了容器里面，下面的示例文件将聚焦于收集本地 /var/log/nginx/*.log 日志，并将其写入 Elasticsearch。此外，也可根据实际需求收集其他安全日志，如 /var/log/auth.log、IDS/IPS 日志等。

```
conf
# logstash.conf
input {
  file {
    path => "/var/log/nginx/*.log"
    start_position => "beginning"
    sincedb_path => "/dev/null"
    type => "nginx"
  }
```

```
}

filter {
  if [type] == "nginx" {
    grok {
      match => { "message" =>
"%{COMBINEDAPACHELOG}" }
    }
    # 可以根据需要添加 geoip、user-agent 解析
  }
}

output {
  elasticsearch {
    hosts => ["elasticsearch:9200"]
    index => "nginx-logs-%{+YYYY.MM.dd}"
  }
  stdout { codec => rubydebug }
}
```

在同一目录下执行 docker-compose up -d 命令，即可启动 ELK 环境并开始收集日志。启动完成后，可在浏览器中访问 http://localhost:5601（该地址对应 Kibana 服务），在此界面可进行查看日志、创建索引模式以及数据可视化操作，如创建 Dashboard、设置报警规则等。

8.1.2 使用 Grafana/Prometheus 监控安全相关指标

1.Prometheus+Grafana Docker Compose *示例*

在进行安全指标的可视化监控时，常见的组合方案是使用 Prometheus 采集各服务暴露的 /metrics 接口数据，再通过 Grafana 进行图表化呈现和告警配置。对于需要监控的应用，如果它能够输出与安全事件或日志计数相关的指标，如防火墙拦截次数、异常流量监测数等，便可以轻松整合到这套体系中。以下示例演示了如何通过 Docker Compose 快速部署 Prometheus 和 Grafana：

```yaml
version: '3'
services:
  prometheus:
    image: prom/prometheus:latest
    container_name: prometheus
    volumes:
        - ./prometheus.yml:/etc/prometheus/prometheus.yml
    ports:
      - "9090:9090"

  grafana:
    image: grafana/grafana:latest
    container_name: grafana
    ports:
      - "3000:3000"
    depends_on:
      - prometheus
```

上述配置会启动两个容器。其中，Prometheus 负责定时抓取指标数据并进行存储；Grafana 负责读取 Prometheus 数据源，并在仪表盘中实现数据的可视化。若应用暴露了与安全相关的计数或事件指标，只需将这些指标添加到 Prometheus 配置中，并在 Grafana 中创建相应面板，即可实时查看安全态势。

2.Prometheus **配置示例**

在 Prometheus 的配置文件 prometheus.yml 中，可针对不同服务或应用指定 scrape_configs，以定期拉取它们的 /metrics 指标数据。下面的示例将展示如何配置节点监控和自定义应用监控。

```yaml
# prometheus.yml
global:
  scrape_interval: 15s

scrape_configs:
  - job_name: 'node_exporter'
    static_configs:
      - targets: ['node_exporter_host:9100']

  - job_name: 'my_app_metrics'
    static_configs:
      - targets: ['my_app_host:8080']
```

如果应用在 my_app_host:8080 地址下的 /metrics 接口输出了安全相关指标，如攻击事件总数、报警计数、拦截请求数量等，Prometheus 会按照 scrape_interval 配置定期抓取这些数据。随后，可以在 Grafana 中根据这些指标创建可视化面板并配置相应的告警规则，将告警信息发送到

Slack、Email 或其他通知渠道。这样一来，Prometheus 与 Grafana 组成的整套体系便可帮助团队更好地监控并预警潜在的安全风险与异常流量。

8.1.3 使用云厂商监控 API 收集并分析安全日志

1.AWS CloudWatch Logs+CloudWatch Alarms

（1）推送本地日志到 CloudWatch Logs。要将本地日志推送到 CloudWatch Logs，可以选择使用 AWS CLI、CloudWatch Logs Agent 或其他日志收集代理工具实现。下面以 AWS CLI 命令为例演示如何创建 Log Group、Log Stream，并手动推送日志事件到 CloudWatch Logs：

```bash
# 创建一个 Log Group
aws logs create-log-group --log-group-name "/security/nginx"

# 创建 Log Stream
aws logs create-log-stream --log-group-name "/security/nginx" --log-stream-name "nginx-server1"

# 推送一条日志 ( 生产环境要用 CloudWatch Agent)
aws logs put-log-events \
  --log-group-name "/security/nginx" \
  --log-stream-name "nginx-server1" \
  --log-events "[{\"timestamp\":$(date +%s%3N),\"message\":\"Nginx Access: GET /index.html 200\"}]"
```

在实际生产环境中，更常用 CloudWatch Agent 以及 Fluent Bit 等工

具将日志实时收集并推送到 CloudWatch Logs，而不是仅依赖手动的 put-log-events 命令。

（2）创建报警规则（CloudWatch Alarm）。如果需要在日志中检测诸如 4xx/5xx 错误码超过阈值等异常情况，可采用 Metric Filter + Alarm 的方式实现。下面的示例对 "/security/nginx" 进行过滤并统计 5xx 错误数量，然后配置当 5xx 超过指定阈值时触发告警：

```bash
# 创建一个 Metric Filter，统计 5xx
aws logs put-metric-filter \
  --log-group-name "/security/nginx" \
  --filter-name "Nginx-5xx-Count" \
  --filter-pattern '"HTTP/1.1" 5??' \
  --metric-transformations \
      metricName="Nginx5xxCount",metricNamespace="MySecurityMetrics",metricValue="1"


# 创建报警，当 Nginx5xxCount>10 连续 5 分钟，发送 SNS 通知
aws cloudwatch put-metric-alarm \
  --alarm-name "High5xxError" \
  --metric-name "Nginx5xxCount" \
  --namespace "MySecurityMetrics" \
  --statistic Sum \
  --threshold 10 \
  --comparison-operator GreaterThanThreshold \
  --evaluation-periods 1 \
```

```
--period 300 \
 --alarm-actions "arn:aws:sns:us-east-
1:123456789012:my-sns-topic"
```

当 5xx 错误达到阈值后，CloudWatch Alarms 会通过 SNS 触发通知，然后就可以进一步配置 Email、Slack、Webhook 等不同的通知方式，以便快速获知并处理安全事件。

2.Azure Monitor+Log Analytics

（1）创建 Log Analytics Workspace 并收集安全日志。在 Azure 环境中，可以利用 Azure CLI 创建 Log Analytics Workspace，并启用安全相关的数据采集。以下示例演示如何创建一个工作区，并启用默认的 Security Intelligence Pack：

```bash
bash
#（示例）创建一个 Log Analytics Workspace
az monitor log-analytics workspace create \
  --resource-group MySecurityRG \
  --workspace-name MySecWorkspace \
  --location eastus

# 启用 Security Intelligence Pack
az monitor log-analytics workspace enable-
intelligence-pack \
  --workspace-name MySecWorkspace \
  --resource-group MySecurityRG \
  --intelligence-pack "Security"
```

随后，可以在目标服务器、容器或虚拟机上安装 Azure Monitor Agent

或 OMS Agent，配置将系统日志（如 Syslog、Application Log 等）发送到此 Workspace 用于统一的安全监控和分析。

（2）Kusto Query 示例（Log Analytics 查询）。创建并收集到日志后，可在 Azure Portal 中使用 Kusto Query Language（KQL）对日志进行查询和分析。以下是一个通过 KQL 检索 Windows 登录失败事件（EventID = 4625）的简单示例：

```kql
SecurityEvent
| where EventID == 4625
| summarize count() by Computer
```

在自动化场景下，还可通过 Azure Monitor REST API 或 az monitor log-analytics query 等命令行工具来执行相同的查询，并将结果进一步对接到告警、通知或安全审计流程中。

8.2 安全事件响应与应急处理策略

8.2.1 通过脚本与云端 API 进行自动隔离

1.AWS EC2 实例隔离

以下示例假设侦测到某台 EC2 实例疑似受到攻击，此时需要自动移除其外网访问权限或将其切换到隔离安全组以阻断可疑流量。脚本中使用了 boto3 这个 AWS 官方的 Python SDK：

```python
python
#!/usr/bin/env python3
import boto3

# 设定待隔离的实例 ID、目标隔离安全组 ID 等
INSTANCE_ID = "i-0123456789abcdef0"
ISOLATION_SECURITY_GROUP_ID = "sg-0ab123cdef45678gh"

def isolate_instance():
    ec2 = boto3.client('ec2')

    # 获取当前实例的网络接口信息
    network_interfaces = ec2.describe_
```

```
instances(InstanceIds=[INSTANCE_ID])
['Reservations'][0]['Instances'][0]
['NetworkInterfaces']
    if not network_interfaces:
        print(f"No network interfaces found for
instance {INSTANCE_ID}")
        return

    # 遍历网络接口并替换安全组为隔离组
    for iface in network_interfaces:
        attachment_id = iface['Attachment']
['AttachmentId']
        network_interface_id =
iface['NetworkInterfaceId']

        ec2.modify_network_interface_attribute(
            NetworkInterfaceId=network_interface_
id,
            Groups=[ISOLATION_SECURITY_GROUP_ID]
        )
        print(f"Isolated {INSTANCE_ID} by
attaching security group {ISOLATION_SECURITY_
GROUP_ID} on interface {network_interface_id}.")

if __name__ == "__main__":
    isolate_instance()
```

脚本会调用 describe_instances 获取目标实例的网络接口信息，并将网络接口的安全组替换为隔离安全组 ISOLATION_SECURITY_GROUP_ID。在实际生产环境中，可在脚本内针对不同危险等级采取不同的隔离策略，如只限制特定端口，或添加 Network ACL 等措施。一旦侦测到入侵或高危漏洞攻击，只需执行该脚本，即可快速将可疑实例从公网隔离或限制其访问范围，从而进行后续的排查和取证。

2.Azure VM 网络接口隔离

在 Azure 环境中，可以使用 Azure CLI（az 命令）对虚拟机做相应的网络隔离操作，如将其网络接口更换到一个预先配置的"隔离网络安全组（NSG）"中。下面是一个 Bash 脚本示例：

```bash
#!/usr/bin/env bash

RESOURCE_GROUP="MySecurityRG"
VM_NAME="SuspectedVM"
ISOLATION_NSG_NAME="IsolationNSG"

# 1. 获取 VM 的 NIC 信息
NIC_ID=$(az vm show \
  --resource-group "$RESOURCE_GROUP" \
  --name "$VM_NAME" \
   --query "networkProfile.networkInterfaces[0].id"
-o tsv)

# 2. 为该 NIC 关联隔离网络安全组
az network nic update \
```

```
  --ids "$NIC_ID" \
  --network-security-group "$ISOLATION_NSG_NAME"

echo "VM $VM_NAME has been isolated by attaching
NSG $ISOLATION_NSG_NAME."
```

脚本通过 az vm show 获取目标 VM 的 NIC（网卡）资源 ID，然后调用 az network nic update 将该网卡绑定到隔离 NSG。在隔离 NSG 中，可以自定义规则禁止除管理访问外的一切外部连接，从而快速将可疑主机与生产网络隔离开。

8.2.2 自动执行应急脚本

在云环境下，除了手动或定时执行脚本外，还可借助无服务器技术（如 AWS Lambda、Azure Functions 等）实现更高效的触发式应急响应。当 CloudWatch Events、Azure Event Grid 这些检测系统捕捉到异常日志或高危告警时，即可自动调用 Lambda 或 Functions 执行隔离脚本，整个过程无须人工介入。

1. AWS Lambda+CloudWatch Events *触发示例*

```python
python
import json
import boto3

ec2 = boto3.client('ec2')

def lambda_handler(event, context):
    # 从事件消息中解析出目标实例 ID
    detail = event.get("detail", {})
```

```
    instance_id = detail.get("instance-id", None)

    if instance_id:
        # 将该实例放入隔离安全组
        network_interfaces = ec2.
describe_instances(InstanceIds=[instance_
id])['Reservations'][0]['Instances'][0]
['NetworkInterfaces']
        for iface in network_interfaces:
            network_interface_id =
iface['NetworkInterfaceId']
            ec2.modify_network_interface_
attribute(
                NetworkInterfaceId=network_
interface_id,
                Groups=["sg-0ab123cdef45678gh"]
            )
        print(f"Isolated instance: {instance_id}")
    else:
        print("No instance ID found in event
detail.")
```

在 CloudWatch Events 中配置好规则，当检测到某类安全告警或入侵事件时，传递 instance-id 等信息给该 Lambda 函数，函数会自动修改 EC2 实例的网络接口安全组，从而实现隔离。整个过程无须人工干预，能够大幅缩短响应时间。

2.Azure Functions+Event Grid 触发示例

（1）创建 Function App。可以使用 Azure CLI 或 Azure Portal 来创建 Function App，以下以 Azure CLI 为例进行演示：

```bash
bash
# 1.创建资源组（若已有可跳过）
az group create \
  --name MySecurityRG \
  --location eastus


# 2.创建一个存放函数代码的存储账户
az storage account create \
  --name mystorageaccount123 \
  --location eastus \
  --resource-group MySecurityRG \
  --sku Standard_LRS


# 3.创建 Function App
az functionapp create \
  --name MySecurityFunctionApp \
  --storage-account mystorageaccount123 \
  --consumption-plan-location eastus \
  --resource-group MySecurityRG \
  --functions-version 4 \
  --runtime python
```

若使用其他语言，如 C#、JavaScript、PowerShell 等，可通过 --runtime 指定相应选项。Consumption 计划可实现按调用量付费，比较适合事件驱动的应急场景。

（2）编写 Event Grid 触发函数。接下来编写一个 Python 函数，函数在捕获到来自 Event Grid 的事件后会调用 Azure Python SDK，也可以使用 Azure CLI 命令进行应急操作。函数结构分为两部分：function.json 用来指定触发类型（eventGridTrigger）；__init__.py 则是函数的主体代码。示例 function.json 如下：

```json
{
  "bindings": [
    {
      "type": "eventGridTrigger",
      "name": "event",
      "direction": "in"
    }
  ]
}
```

示例 __init__.py 的主要逻辑如下：

```python
import logging
import os
import json
import subprocess

import azure.functions as func
```

```
def main(event: func.EventGridEvent):
    logging.info("Azure Function triggered by
Event Grid event.")

    # 从事件中获取关键信息，例如需要隔离的 VM 名称或资源
ID
    data = event.get_json()
    suspect_vm_name = data.get("vmName", None)
    suspect_rg_name = data.get("resourceGroup",
"MySecurityRG")
    isolation_nsg_name = os.environ.
get("ISOLATION_NSG_NAME", "IsolationNSG")

    if not suspect_vm_name:
        logging.error("No VM name found in the
event data.")
        return

    # 这里以 Azure CLI 的方式演示隔离操作，可改用
Python SDK
    logging.info(f"Attempting to isolate VM:
{suspect_vm_name}")

    # 1. 获取 VM NIC ID
    get_nic_cmd = [
```

```
        "az", "vm", "show",
        "--resource-group", suspect_rg_name,
        "--name", suspect_vm_name,
            "--query", "networkProfile.
networkInterfaces[0].id",
        "-o", "tsv"
    ]
    result = subprocess.run(get_nic_cmd, capture_
output=True, text=True)
    nic_id = result.stdout.strip()

    if not nic_id:
        logging.error(f"Could not find NIC for VM
{suspect_vm_name}")
        return

    # 2. 更新 NIC 关联隔离 NSG
    update_nic_cmd = [
        "az", "network", "nic", "update",
        "--ids", nic_id,
        "--network-security-group", isolation_nsg_
name
    ]
    subprocess.run(update_nic_cmd)

    logging.info(f"VM {suspect_vm_name} has been
isolated by attaching NSG {isolation_nsg_name}.")
```

关键点解析：

①函数由 eventGridTrigger 触发，event 参数带有事件消息，内部可解析事件 JSON。

②根据事件内容（如检测到的可疑 VM 名称、资源组信息等），调用 Azure CLI（或 Azure Python SDK）命令实现隔离操作。

③在示例中，隔离操作是将可疑 VM 的网卡绑定到预先配置好的 IsolationNSG。

④为了方便演示，这里直接使用了 subprocess.run() 来调用 az 命令，但在更正式的环境中，会更偏向于使用 azure.mgmt.compute 等 Python SDK 进行管理。

（3）配置 Event Grid 订阅。像 Azure Monitor、Azure Security Center，或者自定义事件推送这些事件源，需要将事件发送到 Azure Functions 对应的 Event Grid Trigger。典型做法如下：

```bash
# 创建一个Event Grid订阅, 将事件路由到Azure Function
az eventgrid event-subscription create \
  --name MySecuritySubscription \
  --endpoint-type azurefunction \
  --endpoint /subscriptions/<subId>/resourceGroups/MySecurityRG/providers/Microsoft.Web/sites/MySecurityFunctionApp/functions/MySecurityFunction \
  --source-resource-id /subscriptions/<subId>/resourceGroups/<eventSourceRG>/providers/Microsoft.Storage/storageAccounts/<myStorageAccount>
```

其中，--source-resource-id 指定了事件来源，如某存储账户，也可换成其他 Azure 资源或自定义 Topic；--endpoint 指向创建好的 Function 中的特定函数。事件触发后，Azure Functions 便会运行 __init__.py 中的逻辑，对可疑 VM 等资源进行自动化处置。

8.3 安全日志审计与威胁情报应用

下面将展示如何把从开源威胁情报平台获取到的威胁指标（Indicators of Compromise, IOC）与本地日志审计相结合，并利用大数据框架做批量日志分析，从而实现自动化的检测与预警。示例分为两个部分：通过 Python 脚本调用 MISP API 获取 IOC 并同步到本地防御系统；在 Spark 环境下对本地日志进行批量分析，利用获取到的 IOC 做匹配检测。

以下示例为演示代码，需要结合实际环境的 MISP Server 地址、API Key、本地日志存储路径、本地防御系统 API 等进行相应的调整与扩展。

8.3.1 获取 IOC 并同步到本地

下面使用 requests 库直接调用 MISP 的 API，实现逻辑如下：

（1）指定 MISP 服务器地址与 API Key。

（2）从 MISP 中获取近期 IOC 列表，示例中所申请的是最近 7 天更新的 IOC。

（3）将获取到的 IOC 数据写入本地文件或发送到本地防御系统。此处仅作示例，实际应用中建议调用本地防御系统的 API 来实现数据传输。

```python
#!/usr/bin/env python3
```

```
import requests
import datetime
import json

MISP_URL = "https://your-misp-server.com"
MISP_API_KEY = "YOUR_MISP_API_KEY"
# MISP 提供的搜索 IOC 接口（具体视 MISP 版本与配置而定）
SEARCH_ENDPOINT = f"{MISP_URL}/events/restSearch"

# 示例：获取最近 7 天的 IOC
DAYS_RANGE = 7

# 如果要将 IOC 同步到本地防御系统可定义此处的本地系统
API 或文件路径
LOCAL_DEFENSE_API = "http://localhost:8080/api/
ioc"
# 或者写入本地文件
LOCAL_IOC_FILE = "./ioc_data.json"

def get_recent_iocs(days=DAYS_RANGE):
    """
    调用 MISP 的 REST API，获取指定天数范围内更新的
IOC.
    """
    headers = {
        "Authorization": MISP_API_KEY,
        "Accept": "application/json",
```

```
        "Content-Type": "application/json"
    }
    # 构建搜索条件
    search_data = {
        "returnFormat": "json",
        # 可以根据需要灵活调整，如只获取 attribute、只
获取特定类型等
        "last": f"{days}d"
    }

    try:
        response = requests.post(SEARCH_ENDPOINT,
headers=headers, json=search_data, verify=False)
        response.raise_for_status()
        data = response.json()
        return data
    except Exception as e:
        print(f"[!] Error fetching IOC from MISP:
{e}")
        return None


def save_iocs_to_local(iocs):
    """
    将获取到的 IOC 数据保存到本地文件（或者发送到本地防
御系统）。
    """
    if not iocs:
```

```
        print("[!] No IOC data to save.")
        return


    # 方式1：写入本地文件
    try:
        with open(LOCAL_IOC_FILE, "w",
encoding="utf-8") as f:
            json.dump(iocs, f, ensure_ascii=False,
indent=2)
        print(f"[+] IOC data saved to {LOCAL_IOC_
FILE}")
    except Exception as e:
        print(f"[!] Error saving IOC to local file:
{e}")


    # 方式2：发送到本地防御系统（这里仅作示例，需配合
实际的 API）
    """
    try:
        headers = {"Content-Type": "application/
json"}
        r = requests.post(LOCAL_DEFENSE_API,
json=iocs, headers=headers)
        if r.status_code == 200:
            print("[+] IOC data successfully
synced to local defense system.")
        else:
```

```
                print(f"[!] Failed to sync IOC to
local defense system, status code: {r.status_
code}")
    except Exception as e:
            print(f"[!] Error syncing IOC to local
defense system: {e}")
    """


def main():
    print("[*] Fetching recent IOC from MISP...")
    ioc_data = get_recent_iocs()
    if ioc_data:
            print(f"[+] Fetched {len(ioc_data.
get('response', []))} events from MISP.")
        save_iocs_to_local(ioc_data)
    else:
        print("[!] No IOC data returned.")


if __name__ == "__main__":
    main()
```

运行脚本后，程序会向 MISP 请求获取最近 7 天的 IOC 数据，并将数据保存到本地的 ioc_data.json 文件。此外，代码中也预留了将 IOC 同步到"本地防御系统"的示例逻辑，使用者可以根据实际环境对其进行调整。

8.3.2 匹配检测

下面以 PySpark 为例展开阐述，假设已经有一批诸如 access.log、syslog 这样的日志文件存储在 HDFS 或本地路径中，现在所要实现的是将本地获取的 IOC 列表导入 Spark 环境中，并结合日志数据进行批量匹配检测。

下面是示例脚本 spark_log_analysis.py 的具体操作步骤：

（1）读取上一小节获取到的 ioc_data.json 文件，提取出恶意域名、IP、URL 等常见的 IOC 信息。

（2）将日志文件读取到 Spark DataFrame 中。

（3）对日志内容与提取出的 IOC 列表做模式匹配，筛选出可能的威胁日志。

（4）输出检测结果。在这里仅简单打印，并写到一个结果文件中。

```python
#!/usr/bin/env python3

from pyspark.sql import SparkSession
from pyspark.sql.functions import col, udf, array_
contains, explode
import json

IOC_FILE_PATH = "./ioc_data.json"
LOG_FILE_PATH = "./access.log"
# 或者使用 "hdfs://path/to/access.log" 等

def load_ioc_data(file_path):
    """
```

读取本地保存的 IOC 文件，并提取常见 IOC 信息（如 domain,ip,url）。

返回字典或者自定义结构，便于后续 Spark 匹配。

```python
"""
with open(file_path, "r", encoding="utf-8") as f:
    data = json.load(f)


    # MISP 返回的数据结构较复杂，这里根据实际情况做解析
    # data.get('response') 可能会返回一堆 event
    # 每个 event 里可能包含 attributes
    ioc_set = {
        "domain": set(),
        "ip": set(),
        "url": set()
    }


    if not data or "response" not in data:
        return ioc_set


    for event in data["response"]:
        # 可能包含 attributes
        attributes = event.get("Event", {}).get("Attribute", [])
        for attr in attributes:
            value = attr.get("value")
            category = attr.get("category")
            # network, payload_delivery 等
```

```
            # type 可能是 domain,ip-dst,url 等
            _type = attr.get("type")

            # 根据 type 或 category 做简单分类
            if _type in ["domain", "hostname"]:
                ioc_set["domain"].add(value)
            elif _type in ["ip-src", "ip-dst"]:
                ioc_set["ip"].add(value)
            elif _type in ["url"]:
                ioc_set["url"].add(value)


    return ioc_set


def main():
    spark = SparkSession.builder \
        .appName("LogAnalysisWithIOC") \
        .getOrCreate()

    # 1. 读取 IOC 数据
    ioc_data = load_ioc_data(IOC_FILE_PATH)
    domain_iocs = list(ioc_data["domain"])
    ip_iocs = list(ioc_data["ip"])
    url_iocs = list(ioc_data["url"])

    print(f"Loaded {len(domain_iocs)} domain
IOCs, {len(ip_iocs)} IP IOCs, {len(url_iocs)} URL
```

```
IOCs.")
```

```
    # 2. 读取日志
```
```
# 假设日志格式为：时间戳 IP 请求方法 URL 等
```
```
# 具体可根据实际日志格式使用自定义 schema
```
```
    df_logs = spark.read.text(LOG_FILE_PATH).
toDF("raw_line")
```

```
    # 简单起见使用行文本分析方式，也可以做正则或更复杂
的解析
```
```
    # 这里示例仅做字符串包含匹配
```
```
# 3. 定义一个 UDF 判断该行是否命中 IOC
```
```
def check_ioc(log_line):
    # 简单包含匹配
    # 实际场景中可根据正则、URL 解析、IP 解析等更准确
地检测
    for d in domain_iocs:
        if d in log_line:
            return True
    for ip in ip_iocs:
        if ip in log_line:
            return True
    for u in url_iocs:
        if u in log_line:
            return True
    return False
```

```
    check_ioc_udf = udf(check_ioc, "boolean")


    # 4. 过滤出与 IOC 相关的日志
    df_alerts = df_logs.filter(check_ioc_
udf(col("raw_line")))


    # 5. 输出或进一步处理可疑日志
    # 在此仅简单显示
    print("[*] Potential threat logs:")
    for row in df_alerts.take(10):
        print(row.raw_line)


    # 如需写入到文件，可使用：
    # df_alerts.write.text("./threat_logs")


    spark.stop()


if __name__ == "__main__":
    main()
```

关键点解析：

（1）代码中的 load_ioc_data() 函数负责从 ioc_data.json 文件中解析出常见的 IOC（如域名、IP、URL 等）并将其存入 ioc_set 中。

（2）为了简化操作，在读取日志时，示例直接使用 text 方法将日志整行读取到了 raw_line 列中，然后用 UDF 进行关键词（IOC）匹配。然而，实际场景中的日志格式丰富多样，因此建议使用正则表达式或 Spark

SQL 对日志字段做更精细的解析。

（3）如果匹配到的行数较多，就需要更高效的匹配策略，如下面这几种方法：

①对 IOC 进行哈希处理或构建 Trie 树。

②对 IP 进行专门的解析，并执行 CIDR 匹配。

③使用 Bro/Zeek 等专业的安全日志方案进行深度解析。

上面这个例子仅演示了"命中就认为可能存在威胁"这种简单逻辑，在实际场景中，需要结合更多的上下文信息做综合分析，如时间、地理位置、行为模式等，以提高检测的准确性与可靠性。

第9章 云计算安全技术的创新应用与未来发展

9.1 人工智能与云安全的结合应用

9.1.1 人工智能与云安全概述

随着技术的进步，网络攻击的规模与复杂性也与日俱增，单纯依赖传统安全防护手段已经难以有效应对形形色色的威胁，人工智能与机器学习技术恰好为这种困境提供了新的破局之道。就 Mirai 僵尸网络攻击而言，随着物联网设备在各领域的普及，大量的摄像头、智能家居设备由于在出厂时的安全防护不足，被攻击者利用并组成了庞大的"僵尸网络"。攻击者通过扫描互联网，将弱密码或固件未及时更新的物联网设备"招募"到网络中，再利用其发起分布式拒绝服务攻击。这种攻击的规模和复杂性远超以往，瞬间产生的庞大流量会让传统安全防护手段难以招架。与过去只需简单封禁少量可疑 IP 不同，应对 Mirai 级别的分布式攻击不仅要在云端部署弹性防护，利用 AI/ML 技术快速辨识并阻断异常流量，还要配合大规模跨平台威胁情报共享，这样才能在短时间内形成针对性防护，"以不变应万变"的传统安全措施已经难以抵御日益增多且多元化的威胁。

机器学习与云安全的结合不仅是大势所趋，还是新一代安全体系的重要发展方向。这是因为人工智能在面对海量日志、数据流以及实时网络事件时能通过快速地自我学习和迭代，对潜在风险做出精细且实时的判断，从而大幅提升发现与防御攻击的效率。本书在第 7 章的 AI/ML 异常检测示例中简单展示了分类模型与聚类模型在安全场景中的基础应用，分类模型可以将流量或行为样本迅速分为"正常"与"异常"两类，不仅能够第一时间报警，还能与自动化脚本联动，实现对可疑源的阻断或限流；聚类模型善于挖掘数据背后的模式与规律，通过对特征相似的事件进行归类，能帮助安全人员识别出潜在的隐匿攻击活动或异常的用户群体，这些都依托于 AI 在大规模数据处理和实时风险识别方面的优势。

9.1.2 与人工智能结合的用户行为分析原型实现

下面给出一个使用 Python 与常见机器学习库快速搭建用户行为分析（UEBA）原型的示例代码。该原型通过对用户登录、访问资源、操作文件等行为进行建模，自动学习"正常"行为基线，能在检测到可疑偏差时将其标记为异常。示例中使用的是无监督异常检测算法 IsolationForest，实际生产环境可视需求选择 Local Outlier Factor、One-Class SVM 等模型，并配合更多安全场景的日志数据进行优化。

1. 构造模拟用户行为数据

假设对每个用户采集了以下行为特征：

login_count：当日登录次数；

download_count：当日下载文件次数；

file_modify_count：当日文件修改次数；

active_hours：用户当日活跃时长（小时）；

error_actions：当日异常操作或错误操作次数（如越权访问失败等）。

```python
import numpy as np
import pandas as pd
import matplotlib.pyplot as plt
import seaborn as sns
from sklearn.ensemble import IsolationForest
from sklearn.preprocessing import StandardScaler


np.random.seed(42)  # 方便复现


num_normal_users = 300  # 正常行为用户数量
num_anomalies = 20       # 异常行为用户数量


# 正常用户的行为分布（可自行调整分布范围）
normal_login = np.random.poisson(lam=5, size=num_
normal_users)
# 平均登录次数
normal_download = np.random.poisson(lam=3,
size=num_normal_users)     # 平均下载次数
normal_modify = np.random.poisson(lam=2, size=num_
normal_users)        # 平均文件修改次数
normal_active_hours = np.random.normal(loc=6,
scale=1, size=num_normal_users)
normal_error_actions = np.random.poisson(lam=0.5,
```

```
size=num_normal_users)

# 异常用户的行为分布（"批量下载 / 修改"的极端操作）
anomaly_login = np.random.randint(low=1, high=20,
size=num_anomalies)
anomaly_download = np.random.randint(low=10,
high=100, size=num_anomalies)  # 异常高下载
anomaly_modify = np.random.randint(low=10,
high=80, size=num_anomalies)    # 异常高修改
anomaly_active_hours = np.random.normal(loc=10,
scale=2, size=num_anomalies)
anomaly_error_actions = np.random.randint(low=5,
high=20, size=num_anomalies)

# 组合数据
login_all = np.concatenate([normal_login, anomaly_
login])
download_all = np.concatenate([normal_download,
anomaly_download])
modify_all = np.concatenate([normal_modify,
anomaly_modify])
active_all = np.concatenate([normal_active_hours,
anomaly_active_hours])
error_all = np.concatenate([normal_error_actions,
anomaly_error_actions])

# 构造 DataFrame
```

```
df = pd.DataFrame({
    'user_id': range(num_normal_users + num_
anomalies),
    'login_count': login_all,
    'download_count': download_all,
    'file_modify_count': modify_all,
    'active_hours': active_all,
    'error_actions': error_all
})
```

代码中的 num_normal_users 和 num_anomalies 分别用来模拟"正常用户"与"异常用户"的数量。正常用户的登录次数较为稳定，下载、修改文件次数不高，活跃时长和错误操作数目相对合理；异常用户在下载和修改文件方面有大幅偏离正常范围的高值，活跃时长和错误操作也可能呈现极端情况。

使用 Poisson、Normal、RandInt 等不同的随机分布函数来模拟用户的行为特征，将各项行为特征通过 np.concatenate() 拼接后放入 DataFrame，便于之后的分析与可视化。

2. *数据预处理*

```python
features = ['login_count', 'download_count', 'file_
modify_count', 'active_hours', 'error_actions']
X = df[features].values

scaler = StandardScaler()
X_scaled = scaler.fit_transform(X)
```

这一步需要处理缺失值、异常值等问题，此处简化为无缺失值的情况。此外，还对数据进行了标准化处理，以避免特征尺度差异过大影响模型。具体操作如下：从 DataFrame 中抽取指定的几列特征形成矩阵 X，用于后续的建模与训练；使用 StandardScaler 将特征数据进行标准化（均值为 0，方差为 1），消除不同特征之间量纲差异过大的影响，帮助模型更好地进行训练。

3. *模型训练*

```python
python
model = IsolationForest(n_estimators=100,
contamination=0.05, random_state=42)
model.fit(X_scaled)

# 预测结果：1 为正常，-1 为异常
preds = model.predict(X_scaled)

# 在原始数据中新增列 "prediction"
df['prediction'] = preds
df['is_anomaly'] = df['prediction'].apply(lambda x:
1 if x == -1 else 0)
```

为了处理高维数据和大规模数据，这里通过构建随机森林模型来"隔离"异常点。contamination=0.05 指定了数据集中预期异常的比例，便于模型在判断时更倾向于识别出预期比例的异常点。

model.predict() 会对每条样本输出 1（正常）或 –1（异常）。将原始预测值存储到 prediction 列后进一步衍生出了 is_anomaly 列，1 代表可疑用户，0 代表正常用户。

4. 结果可视化与总体结果观测

```python
python
# 可以用简单的条形图或散点图来展示异常结果
sns.set(style="whitegrid")

plt.figure(figsize=(10, 6))
sns.scatterplot(
    x='download_count',
    y='file_modify_count',
    hue='is_anomaly',
    data=df,
    palette={0: 'blue', 1: 'red'}
)
plt.title("UEBA 示例：基于下载次数与修改次数的可视化 ")
plt.xlabel("Download Count")
plt.ylabel("File Modify Count")
plt.legend(title='Anomaly', loc='upper left')
plt.show()

num_flagged = df['is_anomaly'].sum()
print(f" 系统标记出的可疑用户数量：{num_flagged}")

# 查看被标记为异常的 Top 5 用户
suspect_users = df[df['is_anomaly'] == 1].head()
print("\n 疑似异常用户样例 :")
print(suspect_users)
```

可视化部分采用的是 Seaborn 提供的散点图，其将用户的"下载次数"与"文件修改次数"作为坐标轴展示不同用户群体的分布。其中，hue='is_anomaly'的作用是以颜色区分正常用户（蓝色）和异常用户（红色）。散点图能够直观地呈现一些用户在下载或修改文件次数方面的异常表现，有问题的点会靠近图像的"极端"区块。

在输出部分，程序除了统计被模型标记为异常（is_anomaly=1）的用户数外，还会打印出疑似异常用户的具体数据行，便于进行后续人工分析或进一步核实。这些捕获到的可疑行为可以结合本书之前的内容触发自动化响应。

9.2 零信任架构在云计算中的应用

9.2.1 零信任架构的核心原则

零信任架构主张抛弃"内网即可信"的旧有假设，用更加严格与动态的策略对用户与资源之间的交互进行持续验证与最小化授权。

1."永不信任，始终验证"的理念

零信任的起点在于"永不信任，始终验证"。无论访问请求是来自内网还是外网，以及无论是来自传统 PC 还是移动终端，都必须以相同的安全标准进行审视，不能因为某一次验证通过或请求位于"可信网络"中而放松后续的检查。具体而言，零信任要求对每一次访问请求都进行身份验证、设备合规性校验和上下文信息分析，以确定其是否具备合法的访问权限。借助 MFA、SSO 及跨平台身份管理等手段，零信任架构能够将访问控制从原先的"静态边界"转变为"动态策略"，使每一条访问路径都需要持续地经过合法性与安全性的验证。

云计算环境中的各项服务和资源往往分散在不同地域或由不同云服务商托管，运维人员与终端用户的访问路径则更为复杂。零信任理念的优势在于，无论网络连接方式和地理位置如何变化，只要始终坚持基于身份、环境和设备的实时验证，就能最大限度地规避攻击者利用边界模糊展开渗透的风险。而当系统检测到异常行为或设备风险时，也可以立即触发后续的身份验证与安全审查流程，阻断潜在攻击者在内网横向移动或提升权限的机会。

2. 最小权限、微分段与动态访问控制

为了将"永不信任，始终验证"的理念落到实处，零信任架构在授权与隔离方面引入了最小权限、微分段及动态访问控制等关键机制。最小权限原则要求每个用户或设备只获得完成其当下任务所需的最少权限，而非传统模式下为方便管理而给予的大范围特权。这种细粒度授权在云端同样适用于容器集群、虚拟机以及无服务器函数等多种资源形态，为任何组件的访问行为进行最小化放行，从而将潜在攻击影响限制在最小范围。

在具体的网络隔离上，零信任将大范围的网络边界拆分成多个高度独立的小片区，使业务、服务或应用模块各自运行在专属的安全域中，并只通过受控的安全策略彼此交互，从而进一步缩小了传统安全域的粒度。例如，对于云原生应用而言，微分段可以在容器或微服务之间设置相互隔离的"软边界"，让攻击者难以利用某个被攻破的服务节点而全面渗透整个系统。同时，它还结合策略引擎进行实时监测和动态控制，若某个分段出现异常，云平台可以立刻限制该分段的网络流量或资源权限，将风险隔离在有限范围内，避免连锁扩散。

在零信任环境下，访问策略不再是单次设定后长期静态执行，而是随着上下文因素的变化而实时调配。零信任系统会持续追踪用户的登录位置、设备状态、访问时段以及历史行为模式等信息，一旦发现其中有任何异常变化，就会重新触发更高强度的验证或调整访问策略。如果监测到高风险指征（如可疑 IP 段、异常流量），系统则可采取关闭该用户会话、请求额外多因子验证或直接阻断访问等措施。动态访问控制让零信任在云端的落地更具灵活性与可执行性，从而保障云平台在面对复杂的网络环境和潜在威胁时依旧能够快速调整并提升整体防护水平。

零信任架构从根本上改变了原来围绕内网和外网进行被动防护的思路，为云上的应用与数据提供了更有效的安全屏障。随着云原生技术的不断演进以及分布式应用架构在行业内逐渐成为主流，零信任的落地场

景也会越来越丰富，成为未来云计算安全体系中不可或缺的重要支柱。

9.2.2 零信任的实现

下面提供一个示例，演示如何在 Istio 服务网格中结合 OPA 来实现"零信任"。

1. 启用 Sidecar 注入

在 Istio 中，为了让服务的进出流量都能被 Envoy Sidecar 管控，需要先在目标命名空间中打开 Sidecar 自动注入。假设使用的是 default 命名空间：

```bash
kubectl label namespace default istio-
injection=enabled
```

然后就可以部署诸如 myservice 等的应用服务了。

2. 配置 Istio 授权策略（AuthorizationPolicy）

下面展示一个最基础的"默认拒绝"策略，再配合使用 EnvoyFilter 和 OPA 进行更细粒度的鉴权。AuthorizationPolicy 会先对所有请求执行拒绝或允许的操作，再由 EnvoyFilter 派发给 OPA 做更严格的判断。通常的做法是，默认拒绝，只允许经过正确身份验证且符合策略的请求通过。假设现在要对部署在 default 命名空间、标签为 app:myservice 的工作负载应用零信任策略，可以使用以下 YAML 文件（authorization-policy. yaml）：

```yaml
apiVersion: security.istio.io/v1beta1
kind: AuthorizationPolicy
metadata:
```

```
  name: zero-trust-policy
  namespace: default
spec:
  selector:
    matchLabels:
      app: myservice
  # action 默认为 Allow
# 这里演示 " 基于 EnvoyFilter+OPA 进行二次鉴权 "
  # 因此可以先将全局的 AuthorizationPolicy 设为最小化
的放行
  # 如果需要更加严格的初步限制, 也可将 action 改为 DENY
  # 或者配置具体规则
  action: ALLOW
  # rules 为空则表示对该工作负载没有任何显式的 Istio
ACL 规则,
  # 所有请求先进入后文 EnvoyFilter+OPA
  rules: []
```

如果希望在 EnvoyFilter/OPA 之前就进行 Istio 自身的 JWT 验证或 IP 黑名单过滤, 可以在此 AuthorizationPolicy 中加入相应的 rules 或者启用 RequestAuthentication 进行 JWT 校验。如果要实现更为严格的"默认拒绝", 可以把 action:ALLOW 改为 DENY 并指定 rules。不同团队 / 场景有不同做法, 这里仅演示如何将流量引向 OPA 进行自定义鉴权。

3. 部署 OPA 并编写策略

(1) 部署 OPA Sidecar/OPA 服务。在 Kubernetes 集群中可以将 OPA 以 Deployment+Service 的形式运行。下面是一个最小化的 OPA 部署 (opa-deployment.yaml), 部署完成后, OPA 将监听 8181 端口并对外提

供 Policy、Data 等服务。

```yaml
apiVersion: apps/v1
kind: Deployment
metadata:
  name: opa
  namespace: default
spec:
  replicas: 1
  selector:
    matchLabels:
      app: opa
  template:
    metadata:
      labels:
        app: opa
    spec:
      containers:
      - name: opa
        image: openpolicyagent/opa:latest
        args:
          # --server：开启 Server 模式
          # --addr： 指定监听地址和端口
          - "run"
          - "--server"
          - "--addr=0.0.0.0:8181"
```

```
        ports:
        - containerPort: 8181
---
apiVersion: v1
kind: Service
metadata:
  name: opa
  namespace: default
spec:
  selector:
    app: opa
  ports:
  - name: http
    port: 8181
    targetPort: 8181
```

如果集群中已有更成熟的 OPA Operator 或 Gatekeeper 等工具，也可以通过其他方式部署，这里仅演示最基础的部署方法。

（2）编写 OPA 策略。OPA 的核心是策略文件，使用 Rego 语言进行编写。下面给出一个示例策略文件 policy.rego，它演示了"永不信任，始终验证"的基本思路，即只有携带正确 JWT 解析出的 sub 或者来自指定可信服务账号的请求才被放行，其余情况全部拒绝。

```
rego
package istio.authz

# 默认拒绝
default allow = false
```

```
# 核心逻辑：如果请求经过身份验证 (JWT 中有 sub),
# 且角色或声明满足要求则允许
allow {
  # 例如：对称签名或其他方式解码出来的 sub/ 用户信息
  # 这里假设 Envoy 已将 JWT 解码信息放在 input.jwt 里
  # 也可以是 input.headers 中 authorization 或自定义
header
  some user
  user = input.jwt.payload.sub
  user == "user@example.com"      # 满足特定用户
}


# 或者额外允许来自特定 Service Account 的调用
allow {
  input.principal == "service-account-of-trusted-app"
}
```

当 EnvoyFilter 将请求数据发送给 OPA 时，OPA 会根据该 policy.rego 中的规则判断是允许还是拒绝该请求。

4. 通过 EnvoyFilter 将请求导向 OPA 做鉴权

Istio 的 EnvoyFilter 能够插入 ext_authz（外部授权）过滤器，将每个请求在进入后端服务前转发给 OPA 进行鉴权。以下示例（envoy-filter.yaml）将流量导向之前部署好的 OPA 服务：

```yaml
yaml
apiVersion: networking.istio.io/v1alpha3
kind: EnvoyFilter
```

```
metadata:
  name: opa-ext-authz
  namespace: default
spec:
  workloadSelector:
    labels:
      # 需要应用此过滤器的工作负载标签
      app: myservice
  configPatches:
  - applyTo: HTTP_FILTER
    match:
      # context 可以是 SIDECAR_INBOUND 或 GATEWAY,
# 用于指定 Envoy Listener 方向
      context: SIDECAR_INBOUND
      listener:
        filterChain:
          filter:
              name: envoy.filters.network.http_
connection_manager
            subFilter:
              # 在 envoy.filters.http.router 之前插入
ext_authz
            name: envoy.filters.http.router
    patch:
      operation: INSERT_BEFORE
      value:
```

```
        name: envoy.ext_authz
        typed_config:
            "@type": type.googleapis.com/envoy.
extensions.filters.http.ext_authz.v3.ExtAuthz
          http_service:
          server_uri:
              # 指向在前面部署的 OPA Service
                  uri: opa.default.svc.cluster.
local:8181
              cluster: outbound|8181||opa.default.
svc.cluster.local
              timeout: 1s
          authorization_request:
              # 将必要的 Header 透传给 OPA, 以便策略中
可以使用
          allowed_headers:
            patterns:
              - exact: authorization
              - exact: x-request-id
          authorization_response:
              # 从 OPA 返回中透传给后端服务的 Header
（可选）
          allowed_upstream_headers:
            patterns:
              - exact: authorization
              - exact: x-request-id
```

关键点解析：

（1）context: SIDECAR_INBOUND 表明此过滤器在 Sidecar 的入站流量时应用，即请求从外部或 Mesh 其他服务过来时，先经过 ext_authz 过滤器，再将请求发送至 OPA 进行决策，决策完成后再进应用容器。

（2）uri: opa.default.svc.cluster.local:8181 指定了前面部署的 Service 名为 opa，命名空间为 default，端口为 8181。

（3）cluster: outbound|8181||opa.default.svc.cluster.local 对应 Istio 内部 Envoy 解析 service 的方式，不同 Istio 版本可能稍有差异，可通过 istioctl、proxy-config、cluster 等命令查看具体名称。

（4）allowed_headers 和 allowed_upstream_headers 用于控制哪些头信息需要传递给 OPA，哪些头信息需要返回给后端，使用者可根据策略需求进行增减。

5. **验证与测试**

（1）应用以上 YAML 配置：

```bash
kubectl apply -f authorization-policy.yaml
kubectl apply -f opa-deployment.yaml
kubectl apply -f envoy-filter.yaml
```

（2）向 myservice 发起请求。如果请求中包含合法的 JWT 或满足 policy.rego 中 user=="user@example.com" 的条件，则 OPA 会返回 200，Envoy 会将请求转发至后端服务；如果请求不携带令牌、不匹配指定用户或来源，则 OPA 会返回拒绝（HTTP403），此时 Envoy 会拦截此请求，不会将其转发给后端服务。

通过上述步骤即可完成一个在 Istio 环境中集成 OPA，实现"永不信任，始终验证"的零信任安全模型：

（1）默认不信任：若请求不满足任何显式策略，由 OPA 返回拒绝信息，直接拒绝该请求。

（2）动态验证：每个请求都会被 Envoy sidecar 转发至 OPA 进行实时策略判断。

（3）最小权限原则：在 Rego 策略中只允许满足最严格条件的流量通过。

还可以根据实际需求扩展以下功能：

（1）配置 Istio 原生的 RequestAuthentication+JWT 与 OPA 结合，可以实现更丰富的身份验证方式。

（2）在 policy.rego 中使用请求路径、方法、IP 段、用户组、RBAC 角色等更多的上下文信息，可以实现更精细的访问控制。

（3）利用 OPA 的 Bundle 功能从 Git 仓库或远程策略库中定期拉取更新，动态刷新策略，可以实现策略热加载。

9.3　云安全技术的发展趋势

9.3.1　云安全与合规标准的演进

随着云计算在全球范围内的飞速发展，安全与合规问题逐渐成为各国政府与行业组织关注的焦点。我国在这一领域的推进力度显著，通过法律法规与行业标准为云服务及其安全管理构建了较为系统的监管框架。近年来，我国先后出台了《中华人民共和国网络安全法》《中华人民共和国数据安全法》《中华人民共和国个人信息保护法》等法律，对数据采集、存储、处理和跨境传输等环节提出了更细致的合规要求，并明确了云计算服务提供商与企业用户的安全责任。通过这些法规与指导性文件，我国的云安全实践在合规层面日趋完善，与国际标准，如 ISO/IEC 27001、ISAE 3402 以及 GDPR 等，形成了既有本土特色又兼容国际趋势的发展模式。

在政策监管不断细化的同时，各行业协会和标准化组织也在云安全技术领域扮演了重要的角色。中国信息通信研究院与中华人民共和国工业和信息化部在云计算白皮书、云服务能力评估等项目中深入探讨云安全合规和技术演进的路径，推动制定了适用于不同垂直行业的安全标准与测评方法。对于对安全性和合规性要求极高的金融、政府、医疗等行业，监管部门通过一系列行业规范，对云平台的物理安全、数据分级保护、业务连续性与容灾能力提出更严格的准入和运营要求。这些行业规范从实践层面迫使云计算服务提供商不断加大对身份管理、加密与密钥管理、多租户隔离、日志与审计等的技术投入，带动了云安全整体水平的提升。

值得注意的是，在当前数字化转型与工业互联网的浪潮中，各国在云安全监管及标准制定方面的博弈与合作也在同步展开，欧美地区对数据跨境流动所涉及的隐私保护与市场准入问题尤为关注，亚太地区则更加注重对互联网应用广度与深度扩张下的风险防范。我国在保持与国际通行做法对标的基础上，也在结合国内法律法规与产业现状，探索具有自主创新特征的合规与安全策略，旨在为云计算行业提供新的发展契机。

9.3.2　云安全技术的未来展望

随着云计算应用的不断深入和业务形态的多样化，云安全技术也逐渐从传统的网络边界防护与数据加密转向更高层次的隐私保护与分布式协同安全。隐私计算、机密计算等新兴技术正为云安全开辟全新的发展赛道，同时，行业协作与安全生态建设日益成为塑造整体安全能力、应对跨地域与跨行业挑战的关键要素。因此，只有紧密跟进这些技术与生态的演进趋势，才能在瞬息万变的数字化时代持续保持云安全的领先地位。

1.隐私计算、机密计算等新兴领域的突破

传统的云安全方法在防火墙、加密传输等层面已达到较高的成熟度水平，但面对数据所有权与使用权的不断分离以及全球合规要求的不断强化，新的安全需求依然在不断涌现。隐私计算技术通过多方安全计算、同态加密、可信执行环境等手段，可以让各方在不互相暴露底层数据的情况下进行协同分析或建模，从而在云端实现对数据"可用不可见"的安全形态。对于那些对数据安全与个人隐私极为敏感的行业，隐私计算能帮助其突破数据共享与合作的壁垒，在满足业务需求的同时确保个人或机密信息不被泄露。

与隐私计算相辅相成的机密计算能够进一步提升数据在处理过程中

的安全防护强度。它将核心计算过程放置在硬件级的可信执行环境中，防范宿主操作系统和 Hypervisor 层的潜在威胁，使得即便物理机器或管理权限被攻破，攻击者也难以获取正在被可信执行环境保护的数据。通过芯片厂商与云服务商的协同研发，机密计算在云端已开始陆续落地，为容器和虚拟机的高安全级别应用提供强有力的支撑。展望未来，随着算力规模的进一步扩大和 5G/ 边缘场景的深入发展，隐私计算与机密计算的结合将成为分布式云环境下一种更完善的安全计算模式，为跨节点的联合建模、数据交易与 AI 推理提供更高等级的信任与合规保障。

2. 行业协作与安全生态建设的重要性

在云安全技术不断发展的进程中，行业协作与生态建设所起到的作用愈加关键。网络威胁与数据风险往往具有跨越地域、产业与技术边界的特点，单纯依靠某家云服务商或安全厂商很难实现全面且快速的威胁识别与应对。通过构建开放的安全生态，云服务商、硬件厂商、安全企业与研究机构能够在标准制定、威胁情报共享、技术研发与评估等层面通力合作，从而形成更具韧性与广度的协同防御体系。

在这一过程中，行业联盟与开源社区为技术资源与标准化的落地提供了宝贵的平台。可信计算联盟、机密计算联盟等组织致力推动加密与可信执行环境技术的普及，并逐渐形成了全球通用的安全规范与参考架构。云计算服务商与安全公司在这些联盟中紧密协作不仅能快速将最新研究成果转化为可实际应用的安全产品或平台服务，还能通过共同实施安全评测与合规审查降低互操作性障碍。与此同时，各行业在应用层面的需求与场景也会反哺到技术研发与标准完善环节，让云安全技术更好地贴合实际业务的合规与性能要求。

对于未来的云安全生态而言，行业间和产业链上下游的共同治理以及联合创新是大势所趋。单个企业或组织的私有化安全产品终究难以适应多云与边缘时代的碎片化需求，而基于共同标准与可操作的 API 进行安全编排与信息共享，才能在更大层面上实现对网络威胁的快速防御与溯源。更重要的是，随着国际政治与经济环境的变化，云安全也不可避免地受到国家与地区监管政策的影响。企业和机构只有在本土法治框架与国际合规惯例的交汇点上积累安全技术能力并积极参与全球行业协作，才能在动荡与机遇并存的云安全发展进程中占据主动地位。

参考文献

[1] 张伟亮.金融科技与现代金融市场 [M].西安：西安交通大学出版社，2023.

[2] 李彦廷，戴经国，潘璟琳.云端数据安全技术与架构 [M].南昌：江西人民出版社，2021.

[3] 胡伦，袁景凌.面向数字传播的云计算理论与技术 [M].武汉：武汉大学出版社，2022.

[4] 徐颖秦，熊伟丽.物联网技术及应用 [M].2 版.北京：机械工业出版社，2023.

[5] 梁亚声，汪永益，刘京菊，等.计算机网络安全教程 [M].4 版.北京：机械工业出版社，2024.

[6] 殷博，林永峰，陈亮.计算机网络安全技术与实践 [M].哈尔滨：东北林业大学出版社，2023.

[7] 刘杨，彭木根.物联网安全 [M].北京：北京邮电大学出版社，2022.

[8] 徐保民，李春艳.云安全深度剖析：技术原理及应用实践 [M].北京：机械工业出版社，2016.

[9] 聂长海，陆超逸，高维忠，等.区块链技术基础教程：原理方法及实践 [M].北京：机械工业出版社，2023.

[10] 孟小峰.数据隐私与数据治理：概念与技术 [M].北京：机械工业出版社，2023.

[11] 黄勤龙，杨义先.云计算数据安全 [M].北京：北京邮电大学出版社，2018.

[12] 徐里萍，刘松涛，张晓.虚拟化与容器 [M].上海：上海交通大学出版社，2022.

[13] 章瑞.云计算 [M].重庆：重庆大学出版社，2020.

[14] 安庆，廖倬跃，刘杰.网络安全与云计算 [M].秦皇岛：燕山大学出版社，2022.

[15] 孙永林，曾德生.云计算技术与应用 [M].北京：电子工业出版社，2019.

[16] 郎登何，李贺华.云计算基础应用 [M].北京：电子工业出版社，2019.

[17] 申时凯，佘玉梅.基于云计算的大数据处理技术发展与应用 [M].成都：电子科技大学出版社，2019.

[18] 马佳琳.电子商务云计算 [M].北京：北京理工大学出版社，2017.

[19] 马宁.云计算关键技术 [M].成都：电子科技大学出版社，2017.

[20] 陈潇潇，王鹏，徐丹丽.云计算与数据的应用 [M].延吉：延边大学出版社，2018.

[21] 杨众杰.云计算与物联网 [M].北京：中国纺织出版社，2018.

[22] 刘静.云计算与物联网技术 [M].延吉：延边大学出版社，2018.

[23] 彭俊杰.云计算节能与资源调度 [M].上海：上海科学普及出版社，2019.

[24] 陈晓宇.云计算那些事儿：从 IaaS 到 PaaS 进阶 [M].北京：电子工业出版社，2020.

[25] 郑稀之，曾波，宋仕斌，等.基于5G专网的配电网自愈系统云计算安全研究 [J].现代计算机，2024，30（17）：60–64.

[26] 姚日煌，鹿洵，朱建东，等.云计算安全问题研究综述 [J].电子产品

可靠性与环境试验，2024，42（1）：113–117.

[27] 夏川.云计算安全问题的研究[J].自动化应用，2023，64（16）：225–228.

[28] 李子民.云计算安全风险分析与防护方法研究[J].数字通信世界，2022（11）：62–64.

[29] 向磊.基于云计算安全分析与云运维安全的研究[J].信息与电脑（理论版），2022，34（16）：217–220.

[30] 代翎云.等保2.0中的云计算安全测评[J].网信军民融合，2021（11）：36–39.

[31] 沈晴霓.边缘云计算安全相关技术研究进展[J].自动化博览，2021，38（8）：36–42.

[32] 党超辉，马志伟，李树新，等.浅谈网络安全等级保护2.0下的云计算安全风险[J].计算机与网络，2021，47（10）：54–55.

[33] 孙海波，温鸿翔，王竹珺，等.云计算安全威胁及防护研究[J].中国新通信，2021，23（5）：149–151.

[34] 张旭刚，谢宗晓.金融云计算安全标准的解析[J].中国质量与标准导报，2020（5）：11–15.

[35] 杨松，刘洪善，程艳.云计算安全体系设计与实现综述[J].重庆邮电大学学报（自然科学版），2020，32（5）：816–824.

[36] 纪方，田海波，刘鹏宇.铁路云计算安全标准研究与实践[J].铁路计算机应用，2020，29（9）：42–46.

[37] 纪健全，姚英英，常晓林.车载云计算安全综述[J].网络空间安全，2020，11（6）：50–56.

[38] 杜松.可信计算技术在云计算安全中的应用[J].通讯世界，2020，27（4）：90–91.

[39] 王佳，张远，刘超，等.探讨云计算安全问题及其技术对策[J].科学技术创新，2020（10）：52–53.

[40] 李韬，张剑.等保 2.0 下的云计算安全设计初探 [J].网络安全技术与应用，2020（2）：74–75.

[41] 苏艳芳.基于等级保护的云计算安全检查规范框架 [J].电子技术与软件工程，2020（2）：250–251.

[42] 刘雨航，魏周思宇.云计算安全问题及其技术对策探讨研究 [J].智库时代，2020（2）：249–250.

[43] 文彬宏.云计算安全威胁及防护思路研究 [J].通讯世界，2019，26（11）：135–136.

[44] 张振峰，张志文，王睿超.网络安全等级保护 2.0 云计算安全合规能力模型 [J].信息网络安全，2019（11）：1–7.

[45] 赖静，韦湘，陈妍.等保 2.0 云计算安全扩展要求及分析 [J].网络空间安全，2019，10（7）：24–31.

[46] 高升华.云计算服务模式下数据安全责任分担问题研究 [D].徐州：中国矿业大学，2023.

[47] 杨雅然.基于云计算的安全计算机平台程序序列监视方法研究 [D].北京：北京交通大学，2023.

[48] 周新宇.基于云计算的电子政务信息系统安全审计研究：以 S 市专项审计为例 [D].哈尔滨：哈尔滨商业大学，2022.

[49] 冯文振.云计算中基于 CP–ABE 的数据安全方案研究 [D].曲阜：曲阜师范大学，2022.

[50] 徐智刚.企业云计算数据中心安全架构及主动防御技术研究 [D].南京：南京邮电大学，2021.

[51] 魏玉.云计算数据安全访问控制机制研究 [D].济南：山东师范大学，2020.

[52] 郝嘉禄.云计算数据安全及访问控制关键技术研究 [D].长沙：国防科技大学，2020.

[53] 卞建超.基于纠删码的云计算数据安全关键技术研究 [D].北京：北京

邮电大学，2020.

[54] 吴魏.云计算环境下数据挖掘安全外包关键技术研究 [D]. 长沙：国防科技大学，2019.

[55] 魏航.基于半定量信息的云系统安全状态感知方法研究 [D]. 哈尔滨：哈尔滨理工大学，2018.

[56] 石泽楠.云计算环境下企业集团财务共享的信息安全问题研究 [D]. 太原：太原理工大学，2018.

[57] 谢佳伦.基于云平台的软件项目风险管理研究：以 S 公司 A 项目为例 [D]. 北京：中央民族大学，2017.

[58] 吕从东.基于无干扰模型的云计算中信息流安全研究 [D]. 北京：北京交通大学，2016.

[59] 刘建.云计算系统数据安全与控制关键技术研究 [D]. 长沙：国防科学技术大学，2016.

[60] 林鑫.云计算环境下国家学术信息资源安全保障机制与体制研究 [D]. 武汉：武汉大学，2016.

[61] 晏裕生.基于等级保护的云计算 IaaS 安全评估研究 [D]. 北京：北京交通大学，2016.

[62] 郑琛.云安全信任评估模型及风险评估方法研究 [D]. 合肥：合肥工业大学，2015.

[63] 李经纬.云计算中数据外包安全的关键问题研究 [D]. 天津：南开大学，2014.

[64] 刘邵星.云计算中数据安全关键技术的研究 [D]. 青岛：青岛科技大学，2014.

[65] 张艳东.基于信任的云计算安全模型研究 [D]. 济南：山东师范大学，2014.

[66] 黄勤龙.云计算平台下数据安全与版权保护技术研究 [D]. 北京：北京邮电大学，2014.

[67] 樊超. 云计算环境下基于标识的用户身份认证技术研究 [D]. 广州: 广东工业大学, 2014.

[68] 彭伟. 面向云计算安全的同态加密技术应用研究 [D]. 重庆: 重庆大学, 2014.

[69] 罗东俊. 基于可信计算的云计算安全若干关键问题研究 [D]. 广州: 华南理工大学, 2014.

[70] 张超. 云计算网络安全态势评估研究与分析 [D]. 北京: 北京邮电大学, 2014.

[71] 罗仟松. 基于虚拟数据中心的云安全策略研究与设计 [D]. 济南: 山东大学, 2013.

[72] 李阳. 云计算中数据访问控制方法的研究 [D]. 南京: 南京邮电大学, 2013.

[73] 邓谦. 基于 Hadoop 的云计算安全机制研究 [D]. 南京: 南京邮电大学, 2013.

[74] 段春乐. 云计算的安全性及数据安全传输的研究 [D]. 成都: 成都理工大学, 2012.